AI의 세상에서 인간을 찾다

지은이(수록순)

노승욱
한림대학교 도헌학술원 교수

손화철
한동대학교 교양학부 철학 교수

이국운
한동대학교 법학부 교수

황형주
포항공과대학교 수학과 교수

허윤정
국민대학교 미술학부 입체미술과 교수

AI의 세상에서 인간을 찾다

초판인쇄 2024년 6월 10일 **초판발행** 2024년 6월 20일

기획 포스텍 융합문명연구원

지은이 노승욱 외 **펴낸이** 박성모 **펴낸곳** 소명출판 **출판등록** 제1998-000017호

주소 서울시 서초구 사임당로14길 15 서광빌딩 2층

전화 02-585-7840 **팩스** 02-585-7848

전자우편 somyungbooks@daum.net **홈페이지** www.somyong.co.kr

값 16,000원 ⓒ 소명출판, 2024

ISBN 979-11-5905-711-3 03500

문명과
시민
4

AI의 세상에서
인간을 찾다

Looking for the Human in the AI World

노승욱 손화철 이국운 황형주 하영철 지음

　이 책은 포스텍 문명시민교육원에서 'AI의 세상에서 인간을 찾다'란 주제로 개최했던 제1회 '헨사HENSA 강좌'의 소중한 결과물이다. '인문·과학·예술의 융합'을 뜻하는 '헨사HENSA'는 인문학Humanities·공학Engineering·자연과학Natural Science·예술Art의 영문 이니셜을 결합한 강좌명이다. 6주에 걸쳐서 진행됐던 강좌에는 총 여섯 분의 연사가 강연해 주셨는데, 그중 다섯 분의 교수님들이 공저자로 책 출간에 참여해 주셨다.

　헨사 강좌가 진행됐던 2021년 가을은 코로나-19 바이러스로 인한 팬데믹으로 잿빛 구름이 일상에 가득했던 시기였다. 마스크를 착용하고 사회적 거리 두기에 임했던 전 세계의 시민들은 시계 제로의 상태에서 문명사적 대전환기를 헤쳐 나가야 했다. 인간 종족이 서로 간에 물리적 거리를 두며 지내는 동안, 디지털 문명 전환은 전 세계적으로 빠르게 진행됐고, 그 중심에는 AIArtificial Intelligence, 人工知能가 있었다.

　필자가 이 강좌를 기획했을 때 주변의 반응은 'AI의 세상에서 인간을 찾다'란 주제가 역설적이면서도 현실적으로 느껴진다는 것이었다. 그렇다고 이 주제를 단지 역설적인 현실의 상황을 강조하고자 구상했던 것은 아니었다. AI기술이 광속으로 질주하는 시대에 인간의 존재 가치와 역할에 대해서 다시 묻고 싶었다. 만물의 영장萬物靈長이라는 계급장을 떼고 인간 스스로를 성찰하는 것은 AI시대를 살아가는 인류의 시급한 과제라고 생각했다.

인간만이 수행할 수 있던 일을 AI가 더욱 빠르고 정교하게 제공할 수 있게 되었다면, 영묘한 인간은 이제 더욱 창의적이고 고차원적인 일에 매진할 수 있을 것인가? 아니면, 노동 능력은 물론, 도덕적 책임과 윤리적 판단, 심미적 창작도 제대로 하지 못하는 존재로 전락할 것인가? 이러한 질문은 생성형 AI가 아닌, 인간에게 물어야 한다고 생각하며 '헨사 강좌'를 계획했다. 그리고 독자들에게도 같은 문제의식을 공유하고자 이 책을 출간하게 되었다.

이 책에서 다섯 명의 저자는 인간의 생존 방식과 일상을 바꾸어 놓고 있는 AI에 대해 다양한 전공의 관점에서 깊은 통찰을 제공하고 있다. 또한 문학, 철학, 법학, 의료, 미술 분야에서 AI가 일으키고 있는 변화를 심도 있게 분석하며 각자의 비평적 견해를 제시하고 있다. 다섯 편의 글은 AI가 일상의 영역에서 일으키고 있는 변화의 파노라마를 형형색색의 시각으로 보여주고 있다. 그리고 이 책의 제목이 가리키고 있는 '인간人間'에 대해 다섯 가지 다른 길로 탐색해 나가고 있다.

인공지능 설계자가 의도하지 않았던 AI의 역할은 어쩌면 인간으로 하여금 스스로의 존재에 대해 끊임없이 질문하게 하는 것일 수 있다. AI를 생각하면 할수록, 또 의식하면 할수록, 인간은 AI가 아닌 스스로에 대한 존재론적 질문을 던지게 되는 것이다. AI가 불러일으키는 역설적 나비 효과는 코고나다 감독의 영화 〈애프터 양After Yang〉을 통해 엿볼 수 있다. 이 영화는 AI 안드로이드 로봇인 '양'의 작동이 멈추면서, '남겨진' 인간 가족이 겪게 되는 정체성의 혼란을 다루고 있다. AI 안드로이드와 함께했던 '테크노 사피엔스' 가정의 이야기는 가족 공동체와 인간성humanity의 의미에 대해 강렬한 질문을 던지고 있다.

잭 코플랜드는 『계산하는 기계는 생각하는 기계가 될 수 있을까?』라는 책에서 인공지능의 자유의지와 의식에 대해 끊임없이 제기되는 물음들은 결국 인간을 더 잘 이해하려는 시도라고 말했다. 이런 관점에서 〈애프터 양〉은 AI 안드로이드의 부재를 통해, 인간 사회의 결핍 요소와 가족의 정체성에 대한 성찰을 이끌고 있다. 앞으로 SF가 다룰 주제는 인간보다 더 인간적인 '따뜻한 AI'에 대한 것일 수도 있다.

AI기술은 이제 AGIArtificial General Intelligence, 범용인공지능와 ASIArtificial Super Intelligence, 초인공지능를 향하고 있다. 『특이점이 온다』의 저자인 미래학자 레이 커즈와일은 이미 AGI의 출현과 특이점singularity의 발생을 예견한 바 있다. AGI나 ASI가 빅테크 기업의 마케팅 용어인지, 혁신적 과학기술의 이정표인지 아직은 알 수 없다. 또한 자의식을 가진 초인공지능이 출현한다면 인류에게 백마 탄 초인이 될지, 두려운 블랙스완이 될지도 예견할 수 없다. 다만, AI시대를 고민하며 살아가는 인간의 집단 지성이 더 나은 미래를 만들어 나가기를 바랄 뿐이다.

이 책이 나오기까지 고마운 분들이 많다. '헌사 강좌'의 취지에 공감하고 흔쾌히 강연에 동참해 주셨던 연사분들과 진지한 자세로 강좌에 참여해 주셨던 수강생분들께 이 자리를 빌려서 감사의 말씀을 전한다. 또한 이 강좌를 기획하고 진행하는 과정에서 큰 격려와 지원을 아끼지 않으셨던 송호근 한림대학교 도헌학술원장님께도 마음 깊이 감사드린다. 송호근 원장님께서는 당시 포스텍 문명시민교육원장을 맡으시면서 시민들이 참여하는 열린 대학의 환경을 만들어 주셨다. 뜻깊은 책의 출간을 위해 애써 주신 소명출판 박성모 대표님과 전온유 편집자님, 그 외 관계자분들께도 감사의 인사를 드린다.

2024년 6월,

다섯 명의 공저자를 대표해서 노승욱 씀

1. 글쓰기의 주체와 객체[1]

'AI의 세상에서 인간을 찾다'라는 주제는 독자들에게 다소 역설적으로 들릴 수 있다. 마치 주체와 객체가 뒤바뀐 느낌을 줄 수 있다. 인생을 살다 보면 주객전도主客顚倒의 상황에 처할 때가 있다. 가장 흔한 경우가 자신도 모르게 재물의 신인 '맘몬Mammon'에 지배당하게 되는 경우이다. 그나마 물신주의에 빠진 자신을 발견할 수 있다면 다행이다. 중심을 잃은 자기 자신을 성찰할 수 있는 계기를 갖게 되니까 말이다.

인공지능이라고 불리는 AIArtificial Intelligence[2]의 경우에 우리가 갖게 되는 주객전도의 느낌에는 과학기술적 상상력이 자리하고 있다. SF의 고전이 되어버린 영화 〈터미네이터The Terminator〉가 처음 나왔던 것이 1984년인데, 그때 등장한 '스카이넷Skynet'이 인공지능에 기반한 컴퓨터 시스템이다. 인공지능이 비약적으로 발전해서 인간의 지능을 뛰어넘는 기점을 '특이점singularity'[3]이라고 하는데, 영

---

1 이 글은 2021년 가을에 열렸던 포스텍 문명시민교육원의 '헨사(HENSA) 강좌'에서 필자가 강의했던 「호모 스크립투스 – AI시대의 글쓰기」의 내용을 수정·보완한 것이다.

2 이 글에서는 인공지능(人工知能)과 AI(Artificial Intelligence)라는 표현을 같은 의미로 함께 사용하고자 한다. 문장 내에서 발생하는 어감과 뉘앙스의 차이는 있겠지만, 실질적인 사용 의미는 같음을 일러둔다.

3 특이점(singularity)은 천체물리학에서 블랙홀 내 무한대 밀도와 중력의 한 점을 뜻하

화 속에서 스카이넷은 특이점을 넘어선 최초의 인공지능이었던 셈이다.

추억의 영화 〈터미테이터〉에서 경고(?)했던 인공지능의 위력을 새삼 일깨워 주었던 것은 현실 세계의 바둑 대결에서였다. 대한민국의 프로 바둑 기사 이세돌 9단이 인공지능 프로그램인 알파고 AlphaGo와 스릴 넘치는 대국을 펼쳤다. "딥마인드 챌린지 매치 Google Deepmind Challenge match"로 불린 세기의 대결은 2016년 3월, 대한민국 서울 한복판에서 벌어졌다. 결과는 4승 1패로 알파고의 승리. 인간 대표 이세돌 9단은 제4국에서 AI를 한 번 이긴 것에 만족해야 했다.

그로부터 6년이 지난 2022년 11월 30일, 인공지능 연구재단 오픈에이아이 Open AI가 공개한 대화 전문 인공지능 챗봇이 세상에 선을 보였다. 대규모 인공지능 모델인 'GPT-3.5' 언어기술을 기반으로 한 챗봇의 이름은 챗GPT Chat GPT로 불렸다. 그리고 4개월이 채 지나지 않은 2023년 3월 14일, 오픈에이아이는 챗GPT에 적용된 GPT-3.5의 업그레이드 버전인 GPT-4를 데뷔시켰다. 2018년 GPT-1 출시 이후, 2019년 GPT-2, 2020년 GPT-3, 2022년 11

는 용어로 알려져 있는데, 레이 커즈와일은 미래에 기술 변화의 속도가 매우 빨라지고 그 영향이 매우 깊어서 인간의 생활이 되돌릴 수 없도록 변화되는 시기를 특이점이라고 규정했다. 레이 커즈와일(Ray Kurzweil), 김명남·장시형 역, 진대제 감수, 『특이점이 온다』, 김영사, 2007, 19면.

월 GPT-3.5, 그리고 2023년 챗GPT-4는 인공지능의 실체를 실감하게 해 주었다.

챗GPT는 이세돌과 알파고의 격돌을 관객의 시선으로 바라보던 사람들에게 인공지능의 실체를 '직면直面'하게 해 주었다. 안정되고 세련된 언어를 구사하는 챗GPT는 인간의 조수와 비서의 역할을 자임하는 듯 보인다. 만약 챗GPT가 이세돌이 바둑에서 알파고를 꺾었던 78번째 신의 한 수 같은 언어를 인간 사용자에게 건네게 된다면, AI는 더 이상 조교나 비서로만 여겨지지 않을 수도 있다. 소중한 친구나 연인 같은 존재로 인간 사용자에게 여겨질 수 있는 것이다. 대화형 인공지능 챗GPT로 인해 인간은 글쓰기의 기술에 강력한 로켓 엔진을 탑재하게 되었는데, 어마어마한 언어 표현의 속도를 제어해야 하는 과제를 동시에 떠안게 되었다.

인간의 언어를 학습한 챗GPT는 인간의 질문에 대한 답을 내놓는다. 대화 형식은 인간 사용자가 질문자, 인공지능 챗GPT는 응답자이다. 대화에서 주도권은 질문자가 행사한다. 그래서 인간이 이 흥미진진한 현재형 언어게임의 주체처럼 보인다. 그런데 문제는 질문의 답을 찾아가는 과정에서의 고민, 성찰, 탐색, 자유연상 등이 통째로 누락된다는 것이다. 그저 사용자가 원하는 답을 매끈한 문장으로 빠르게 얻게 되는 것이다.

챗GPT가 인간 사용자 앞에서 화려한 문장의 열병식을 거행할 때 인간은 과연 주체인가, 객체인가. 하나의 온전한 문장을 만들기 위해서 때로는 난관에 부딪히고, 미로를 헤매고, 실존적 나락에 떨어지는 내면의 체험을 해야 하지만, 인공지능은 그러한 내적 고통을 한순간에 덜어준다. 즉시적인 '답으로서의 문장'. 이쯤 되면 과연 질문이 먼저였는지, 답이 먼저였는지 살짝 헷갈려지기 시작한다. 질문과 답의 쳇바퀴가 돌기 시작하고, 마침표만이 문장文章, sentence의 실존성을 나타낸다. 하지만, 질문과 답의 연쇄는 이미 주체와 객체의 경계를 따지는 것의 의미를 무색하게 만들어 버린다.

윤동주 시인은 「쉽게 씨워진 시詩」에서 "인생人生은 살기 어렵다는데 / 시詩가 이렇게 쉽게 씨워지는 것은 / 부끄러운 일이다"[4] 라고 고백한 바 있다. 일본 유학을 위한 도항증명서를 만들기 위해 어쩔 수 없이 했던 창씨개명. 그로 인해 괴로워하던 윤동주 시인은 「참회록懺悔錄」이란 시를 남기고 일본으로 향했다. 다다미 여섯 장이 깔린 세 평 남짓의 하숙방에서 "육첩방六疊房은 남의 나라"를 인식했던 시인은 "슬픈 천명天命"으로서의 시를 한 줄 한 줄 남겼다. 그때 시인은 자신의 시가 쉽게 쓰여지는 것은 아닌지 성찰하며 부끄러움을 느꼈다.

인공지능이 구현하는 글쓰기에서 윤동주 시인이 느꼈던 부끄

---

4   윤동주, 「쉽게 씨워진 詩」, 노승욱 편, 『윤동주 시선』, 지식을만드는지식, 2012, 39면.

러움은 어떻게 표현해 낼 수 있을까. '윤동주 시처럼 쓰여진 시'를 마주하면서 우리는 어떤 친숙함과 낯섦을 동시에 느껴야 할까. 인공지능의 언어는 인간의 사고와 표현을 확장해 줄 수 있는 미덕을 갖추고 있을 수도 있다. 잘만 활용하면 식상한 글쓰기 표현 방식을 극복하는 감수성의 혁신이 AI에 의해 가능해질지도 모를 일이다.

기대와 불안이 공존하는 AI의 세상에서 글쓰기의 주체를 논하는 것은 너무 원론적인 문제의식일 수도 있다. 인공지능기술의 발전 속도에 비해 인간의 고민은 상대적으로 느리게 느껴지지만, 숙고의 과정을 가볍게 여겨서는 안 된다. 팬데믹이 휩쓸고 간 세계에는 AI를 필두로 하는 디지털 대전환이 자연스럽게 이루어졌다. 코로나바이러스로 인한 팬데믹은 문명사적 대전환의 새 국면을 뚜렷이 나타냈다. AI의 세상에서 인간의 주체성과 정체성은 다시 물어져야 한다. 이 글에서는 글을 쓰는 주체라는 관점에서 인간의 모습을 새롭게 찾아보고자 한다.

2. AI의 세상에 출현한 호모 스크립투스

우리는 인류의 여러 가지 특성을 강조해서 지칭할 때 '호모homo'라는 말을 붙인 라틴어를 종종 사용한다. 현존하는 인간을 나타내는 이 말은 생물학에서 인간을 분류하는 의미 외에도 인간학과 사회학 등에서 광범위하게 사용된다. 이 글에서는 인간의 특성 중에 글을 쓰고 기록하는 인간을 지칭하는 '호모 스크립투스Homo Scriptus'에 주목하고자 한다. 스크립투스는 라틴어로 '쓰다'를 의미하는 말이다. 호모 스크립투스는 고도의 언어 사용 능력을 가지고 있는 지적 존재라고 할 수 있다. 글을 쓰고 기록하는 인간인 '호모 스크립투스Homo Scriptus'를 이해하기 위해서 몇몇 특성의 인류를 잠시 만나볼 필요가 있다.

'호모 사피엔스Homo Sapiens'는 가장 많이 알려져 있는 인류의 명칭이다. 현생 인류를 이야기할 때 일반적으로 호모 사피엔스를 주로 사용한다. 고인류를 분류한 학명인 호모 사피엔스는 '생각하는 인간', '지혜로운 인간'을 뜻한다. 철학적으로는 인간의 본질은 이성적인 사고를 하는 데 있다고 하는 인간관을 바탕으로 하고 있다. 만약 이성적 사고가 부족하거나, 지혜를 등한시한다면, 그것은 사피엔스 종족으로서 본분을 다하지 못하는 것이라고 할 수 있다.

또 최근에 많이 언급되고 있는 인간의 특성이 있다. 그것은 '호모 파베르'와 '호모 루덴스'이다. '호모 파베르Homo Faber'는 흔히 '도구의 인간'으로도 불린다. 이 표현은 고대 로마의 감찰관인 아피오 클라우디오 카에쿠스Appio Claudio Caecus가 "각 사람은 자기 운명의 창조자다"라고 한 말에서 비롯되었다. 그런데 호보 파베르가 '도구를 사용하는 인간'으로 이해되면서 '도구를 만드는 능력'은 상대적으로 주목을 받지 못했다.[5] '도구의 창조자'보다 '도구의 사용자'라고 말할 때는 확실히 의미가 축소되는 느낌이 있다.

'호모 루덴스Homo Ludens'는 유희하는 인간, 놀이하는 인간을 뜻한다. 인간이 다른 동물과 구별되는 본질을 놀이를 하거나, 유희를 즐긴다는 개념에서 호모 루덴스라는 명칭이 만들어졌다. 이 명칭은 네덜란드의 역사학자 요한 호이징하가 명명한 것이다. 그는 호모 사피엔스의 생각하는 것과 호모 파베르의 만드는 것만큼 중요한 제3의 기능으로 호모 루덴스의 놀이하는 것을 인간의 본질적 특성으로 상정했다.[6]

마지막으로 만나볼 인류는 '호모 로퀜스Homo Loquens'이다. 호모 로퀜스는 인간의 특성 가운데 언어를 사용하는 특질에 주목해서 붙여진 이름으로 '언어적 인간'으로도 불린다. 언어적인 인간은 글을 쓰는 인간, 즉 호모 스크립투스와는 매우 밀접한 관련성을 가진다. 그것은 다름 아닌 언어 행위의 수행 주체로서의 인간의 특징과 관련되어 있다. 글을 쓰는 모든 사람은 각기 자신만의 작법을 가지고 있다. 소설 작가들의 경우에는 자신만의 창작 방법을

---

5   손화철, 『호모 파베르의 미래 — 기술의 시대, 인간의 자리는 어디인가』, 아카넷, 2020, 214~215면.

6   요한 호이징하(Johan Huizinga), 김윤수 역, 『호모 루덴스』, 도서출판까치, 1993, 7면.

갖고 있기 마련인데, 연구자들과 비평가들은 작가의 서사 문법을 해석함으로써 독자들에게 작품의 이해를 돕는 역할을 한다.

우리는 호모 스크립투스의 특성을 설명하기 위해서 호모 사피엔스-호모 파베르-호모 루덴스-호모 로퀜스 등을 차례로 거쳐 왔다. 그 이유는 글을 쓰는 행위를 하기 위해서는 앞서 언급한 인간의 특징들이 바탕이 되어야 하기 때문이다. 그만큼 글을 쓴다는 것은 인간에게 있어서 전인격적인 특성이 드러나는 매우 복잡하고 심층적인 행위라고 할 수 있다.

그래서 주목하게 된 것이 AI시대 인간의 모습인 '호모 스크립투스'이다. 사실 글을 쓰고 기록하는 인간의 특징이 AI시대에 갑자기 툭 튀어져 나온 것은 아니다. 호모 스크립투스는 어느 시대에나 중요한 인간의 특징으로 존재했을 것이다. 기록을 하지 않으면 인류의 문화는 다음 세대로 전수될 수 없기 때문이다. 기록은 인류의 멸절을 막기 위한 매우 중차대한 행위라고 할 수 있다. SF 영화 〈루시〉의 주인공 '루시'처럼 뇌의 전체 영역을 다 사용할 수 있는 능력이 있지 않다면 말이다.

『조선왕조실록』과 같은 역사서는 실로 엄청난 기록의 저작물이라고 할 수 있다. 조선 태조 때부터 철종 때까지 25대 472년 동안의 역사적 사실을 편년체로 쓴 사서史書인 『조선왕조실록』은 우리나라의 국보이기도 하지만, 1997년에 유네스코 세계기록유산으로 지정되기도 했다. 이 사서는 기록에 대한 인간의 열정을 잘 보여주는 하나의 예이다. 기억을 전수하고자 하는 욕망이 강할수록, 글쓰기의 행위는 개인의 영역을 넘어서 공적인 영역으로까지 확대된다.

그렇다면 글쓰기에 대한 욕망은 단지 인류의 종족 보존을 위한 기억의 전수에만 있을까? 물론 그렇지만은 않다. 누군가에게 전하기 위한 목적이 아니라 그냥 생각을 정리하기 위해서 글을 쓸 때도 있다. 무엇인가를 끄적이는 행위는 '낙서落書'를 통해서 무목적적인 글쓰기로 나타나기도 한다. 물론 무목적성에 대한 정의를 어떻게 하느냐에 따라 낙서의 해석은 정반대로 달라질 수도 있다.

AI가 주도하는 세상은 엄청난 빅데이터에 기반하고 있다. 빅데이터 혁명의 시대에 글쓰기 행위는 일상에서 새로운 방식으로 이루어지고 있다. 핸드폰에 말을 하면서 글쓰기를 하는 '말쓰기'는 많은 사람들이 장착한 기술이다. 말을 글로 전환해주는 앱을 다운받으면 말쓰기는 쉽게 이루어진다. 글쓰기의 방식은 다양해지고 있지만, 기록에 대한 필요성에 대해서는 생각해 볼 측면이 있다.

빅데이터의 시대에 개인의 기록은 그저 남겨진 기록이 아니라, 일상에서 채록된 증거이다. 이제 개인의 기록은 빅데이터를 통해서 재조명되고 재해석된다. 『그냥 하지 말라—당신의 모든 것이 메시지다』의 저자 송길영은 그렇게 기록된 것이 어떤 의미와 지향

점을 지니는지 고민해 봐야 한다고 말한다.[7]

그래서 빅데이터에 저항하는 사람들도 생겨나고 있다. 빅데이터의 세상에 굳이 자신의 흔적을 남기고 싶어하지 않는 사람들이다. 시시콜콜한 일상의 기록이 빅데이터로 남는 것에 대해 일종의 거부감을 갖고 있는 경우이다. 언젠가 누군가에게 나의 기록이 보여지는 것을 원하지 않는 심리라고 할 수 있다. 빅데이터에 포섭되지 않기 위해서는 아무것도 하지 않는 수밖에 없다. 물론, 대다수의 사람들은 빅데이터의 충실한 기록 제공자로 하루에도 무수한 분량의 글과 사진 등을 온라인 바다로 흘려 보낸다.

이 글에서 주목하고 있는 '호모 스크립투스'는 빅데이터의 자장을 굳이 벗어나지 않으면서도, 각성된 자아로서 자신만의 독특한 글쓰기를 수행하는 주체를 의미한다. 글쓰기는 각성된 주체만이 수행할 수 있는 고도의 정신적인 행위에 속한다. 글쓰기의 결과가 빅데이터의 블랙홀에 빠져들더라도, 주체가 각성되는 순간순간을 담아내는 글쓰기의 과정은 오롯이 글쓰는 주체만이 누리는 시간의 체험이며, 기억의 스크랩이다. AI의 세상에 출현한 호모 스크립투스에 주목하는 이유가 여기에 있다.

7   송길영, 『그냥 하지 말라 ― 당신의 모든 것이 메시지다』, 북스톤, 2021, 186면.

3. 디지털 호모 스크립투스

우리는 디지털 공간에 엄청난 양의 글쓰기를 매일매일 하고 있다. 그렇지만 컴퓨터 문서나 스마트폰 문자로 기록된 글의 총량을 파악하고 있는 사람은 거의 없을 것이다. 디지털 기기에 입력된 글의 분량은 직관적으로 파악하기가 힘들다. 만약에 그러한 정도의 글쓰기를 종이에 직접 하게 된다면 누적되는 양의 방대함을 인지할 수 있을 것이다.

호모 스크립투스는 AI시대에서 빅데이터를 생산하는 주체이다. 그런데 빅데이터를 생산하는 주체들은 정작 빅데이터에 접근하기는 어렵다. 빅데이터의 생산 시스템의 일원으로 엄청난 양의 글을 축적하고는 있지만, 정작 본인은 빅데이터를 사용할 수 없는 것이다. 정보의 홍수 속에 정보의 불평등이 역설적으로 발생하는 것이 빅데이터시대의 현실이다.

그렇지만 인류는 어떠한 환경에서도 새롭게 적응해 나가는 길을 선택해 왔다. 그래서 AI시대에 '디지털 호모 스크립투스Digital Homo Scriptus'가 모습을 나타내기 시작했다. 디지털 호모 스크립투스는 호모 스크립투스의 디지털 버전이라고 할 수 있다. 디지털 호모 스크립투스는 디지털 기기에 언제 어디서나 접속해서 기록을 남길 수 있는 존재들이다.

다만, 이러한 경우에도 '주체적 각성'의 여부는 대단히 중요하다. 주체적으로 각성한 디지털 호모 스크립투스의 글쓰기는 빅데이터의 중력에 저항하며 자신만의 궤도를 유지할 수 있다. 단지 수동적으로 기록하는 존재가 아니라, 자의식을 가진 채 글쓰기를 하는 주체는 자신의 글에서 소외되지 않는다. 디지털 기기에 접속해서 수행하는 글쓰기의 순간에 자의식의 스위치가 켜진다면, 그 시간 자체는 실존적 충만함으로 가득찬 시간이 될 수 있다.

디지털 호모 스크립투스의 글쓰기 환경은 일반적인 글쓰기의 환경과는 다르다. 디지털 기기를 사용하는 글쓰기 방식은 확실히 그 이전과 다르기 때문이다. 종이에 손으로 쓰는 글과 컴퓨터 화면에 키보드를 통해서 타이핑하거나 스마트폰을 손으로 터치하며 쓰는 글은 문체에서부터 차이가 난다. 문체뿐 아니라 글이 쓰여지는 과정에서 연상되는 생각의 방식도 다르다. 글쓰기의 내용과 형식은 유기적으로 영향을 주고받는 밀접한 관계에 있다.

우리는 디지털 기기를 통해서 글쓰기와 말하기가 결합되는 시대에 살고 있다. 필자는 이러한 표현 방식을 '글말쓰기'란 신조어로 표현하기도 한다. '글말쓰기'는 글쓰기와 말하기의 구분과 경계가 사라진 기록 행위를 뜻한다. '음성 인식voice recognition'을 통한 '음성 텍스트 변환speech-to-text conversion'은 인간의 말을 인공지능이 이해하고 글자로 변환하는 과정이다. 구어체와 문어체가 결합된 하이브리드적 언어 표현도 가능해질 수 있다. 내용이 형식을 이끄는 것이 아니라, 형식이 내용을 주도하는 것이다.

디지털 기기에 의한 글쓰기의 환경 변화는 글쓰기의 동기와 상상력, 문체 등을 전방위적으로 바꿔 놓고 있다. 확실히 기존의 글쓰기와는 다른 양상이 나타나고 있다. 디지털 기기를 통해 자기 자신과 대면하는 방법도 디지털 호모 스크립투스는 체득하고 있다. 윤동주 시인이 내면을 응시하기 위해 논가 외딴 우물, 녹이 낀 구리거울, 밤비 내리는 창 등을 바라보았다면, 디지털 호모 스크립투스는 자신의 내면을 그저 스마트폰 화면에 비추어 보면 된다.

디지털 기기는 타인과 소통하는 감각의 매개체가 되기도 한다. 예전에는 말로 하던 통화를 요새는 문자나 카톡으로 주고받는다. 디지털 기기로 인해 타인과 소통하는 새로운 감수성이 생겨나고 있다. 사라진 손편지를 디지털 편지가 대신하면서 디지털 문체에 의한 감수성과 상상력이 새롭게 만들어지고 있는 것이다.

디지털 호모 스크립투스에게 우리는 두 가지 프레임의 질문을 해 볼 수 있다. 하나는 하위 프레임의 질문이고, 또 하나는 상위 프레임의 질문이다. "무엇을 쓰는가?", "어떻게 쓰는가?"에 대한 질문이 하위 프레임의 질문이라면, "왜 쓰는가?"는 상위 프레임의 질문이라고 할 수 있다. 글을 쓰고 있는 사람을 바라볼 때 어떤 질문이 자연스럽게 떠오르는가? 일차적으로 무엇을 쓰고 있는지가 궁금

해진다. "왜 쓰고 있는가?"를 묻기 위해서는 글쓰기의 동기와 배경 등을 살펴야 한다. "왜?"라는 질문의 관심은 인간 그 자체이다.

상위 프레임의 질문은 글쓴이의 머릿속을 잠시 복잡하게 만들 수 있다. 문자나 카톡을 20, 30분 동안 누군가와 했는데, 굳이 "왜?"를 묻는 것은 매우 낯선 질문이다. 그렇지만, 디지털 호모 스크립투스는 "왜?"의 질문을 끊임없이 자문해야 한다. '디지털 기기를 통해 내가 만들고 있는 문장들의 의미는 무엇인가?', '디지털 문장은 나의 내면을 과연 반영하고 있는가?'에 대한 숙고가 필요하다.

시간이 지나면 디지털 기기에 기록했던 내용은 망각의 늪에 잠기지만, 그때의 감정과 느낌은 복원할 수 있을 때가 많다. '왜 그때 기뻤나', 혹은 '왜 그때 슬펐나'를 생각하다 보면 가물가물하던 기억의 편린이 감각적 이미지로 되살아나기도 한다. 인간 존재 내면 깊은 곳에서 만들어진 마음과 느낌은 '무엇what?'이 아닌 '왜why?'의 질문을 통해 구체화될 수 있기 때문이다. 호모 스크립투스가 자신의 언어를 디지털 세계의 바다에 각인시키는 방법이 바로 이러한 것이다.

4. 기록의 무게에서 벗어나기

몇 년 전 필자에게 수업을 들었던 한 학생이 「기억의 무게」라는 글을 쓴 적이 있었다. 제자의 동의를 받아 이 글을 소개하고자 한다. 빅데이터시대에 디지털 호모 스크립투스에게 가해지는 기록의 압박감을 대학생 필자가 어떻게 극복하면서 자신의 글쓰기를 이어가고 있는지를 느끼게 해 주는 매우 귀한 글이다.

그는 자신의 기억력을 믿지 않았다. 어떤 책을 읽었을 때 하루 뒤면 주변 인물의 이름을, 사흘 뒤면 주변 인물의 성격을, 일주일 뒤면 주인공의 이름을 잊어버렸기 때문이다. 한 달이라는 긴 시간이 흐르고 나면 책을 읽었다는 사실만 기억나고는 했는데, 더 오랜 시간이 지났을 때 그 사실마저 기억하지 못할까 두려웠다. 간혹 몇 년이 넘는 시간 동안 세세한 내용은 물론, 읽고 난 후 느낀 감상까지 모두 기억나는 책도 있었다. 그 책 자체가 정말 특별하기 때문에 가능한 일이라고 그는 생각했다.

그는 자신의 기억력을 믿지 않았다. 그래서 종이에 적힌 명확한 글은 그에게 큰 안정감을 주었다. 눈으로 볼 수 있고, 손으로 들 수 있다는 사실은 그가 책을 좋아하는 이유의 꽤 큰 부분을 차지했다. 또 종이책을 들고 읽을 때 느낄 수 있는 무게감은 마치 머리에 지식이 쌓이고 있음을 대변하는 듯해, 그렇게 뿌듯할 수가 없었다. 더욱더 읽을 수밖에 없었고, 더욱더 기억하려 할 수밖에 없었다. 책의 무게를 짊어지지 못하는 것은 스스로에게 부끄러운 일이었다.

그는 자신의 기억력을 믿지 않았다. 책장을 넘기니 들어오는 강렬한 문장이, 앞 장에서 읽은 인상 깊은 단락을 덮어버린다는 사실이 힘들었다. 각기 다른 부분에서 등장하는 열정과 의지가 담긴 주인공의 대사와, 시련과 고통을 짊어진 인물들의 대화가 모두 소중했다. 눈물날 정도로 서러워지는 비유와, 뒤에 이어지는 감동 받을 만큼 따뜻한 표현을 모두 잊고 싶지 않았다. 책이 한 장씩 넘어갈 때마다 다시 그 전으로 돌아오는 일이 잦아졌다. 이전 내용을 명확히 기억하지 못한다는 사실을 견딜 수 없었다.

그는 자신의 기억력을 믿지 않았다. 책을 읽을 때면 자신의 옆에 꼭 놓아두는 줄 노트와 연필이 그 증거였다. 기록은 기억을 물리적으로 남길 수 있도록 도와주었다. 책 한 장을 읽고 노트 한 장을 채웠다. 내용이 두 장을 넘어서도록 채워질 때도 있었다. 책장이 넘어가는 속력이 느려졌고, 연필을 쥔 손은 힘이 빠져갔다. 더 이상 책장을 넘기는 것이 신나지 않았다. 그제서야 기억하고 기록하고자 하는 강박이 주는 압력이 느껴졌다. 제법 무겁다는 생각을 하기도 전에 그 무게에 자신이 깔려 있었다.

그는 자신의 기억력을 믿지 않았다. 그래서 기억하지 않기로 했다. 나아가 기억해야 할 글을 읽지 않기로 했다. 책이 가득 꽂혀 있는 책장의 구석진 곳에 노트도 숨겼다. 시간이 흐르면서 이야기 속 주변 인물의 이름이 기억나지 않았다. 주변 인물의 성격도, 주인공의 이름도 잊혔으며 그 책을 읽었다는 사실도 가물가물해져 갔다. 완독한 책의 무게감마저 완전히 기억에서 사라질 때쯤, 그는 놀랄 수밖에 없었다. 물리적인 기록에 담기지 않았던 책에 대한 감상들이 하나둘 나타났기 때문이다.

그는 여전히 자신의 기억력을 믿지 않는다. 그럼에도 기억을 위한 기록을 하지 않는다. 빽빽하게 옮겨 적은 문장이나 감상 없이도 책을 흡수할 수 있기 때문이다. 그는 『파피용』의 '엘리자베트'로부터 포기하지 않는 의지를, 『내 영혼이 따뜻했던 날들』의 '작은 나무'로부터 일상의 소중함을, 『프린키피아』의 '뉴턴'으로부터 이론의 전개와 활용을, 『거품예찬』의 필자로부터 새로운 시각의 중요성을 깨달은 삶을 살아간다. 앞으로 더 많은 책들이 그를 채울 것이라는 사실이 행복하다. 그 삶은 더 이상 강박적인 기록을 필요로 하지 않는다.[9]

위의 글에서는 디지털 지식정보 사회를 살아가면서 기억을 위한 기록에 지친 필자의 심리가 잘 묘사되어 있다. 그런데 역설적

---

8   장세림(포스텍 산업경영공학과), 「기억의 무게」 전문.

이게도 기억을 위한 기록을 멈추자 위의 글처럼 정말 표현하고 기록해야 할 글쓰기가 가능해진 것을 발견할 수 있다. 필자의 기억력은 인공지능이 아니기에 수많은 정보를 완벽히 저장할 수 없다. AI의 장기인 '딥러닝deep learning'도 따라하기 힘들다. 하지만, 기록에 대한 강박을 내려놓자, 책을 읽었을 때의 감상과 느낌들이 불현듯 살아나는 것을 체험하게 된다.

기억에 대한 강박을 내려놓는다는 것은 습관적인 반복, 기계적인 반복을 정지한다는 의미를 내포하고 있다. 기록을 위한 물리적인 노력이 중단되었을 때 우리의 뇌는 어떻게 반응할까? 아마 기록을 안 해 주니까 기억을 위해 안간힘을 쓰면서 시냅스들이 새롭게 연결되고 있지는 않을까? 기억의 무게에 짓눌린 나의 몸에게 자유로운 느낌과 생각을 갖게 해 주는 것, 바로 그 지점에서 새로운 발견으로서의 글쓰기가 가능할 수 있다.

'여행에서 남는 것은 사진'이라는 말에서는 엄청난 무게감이 느껴진다. 만약 사진을 단 한 장도 찍지 않는 여행을 했다면 그 여행은 기억에서 증발되어 버리고 마는 것일까? 그러나 대부분의 중요한 순간들은 우리의 기억 깊은 곳에 감정이 깊게 밴 스토리로 저장되어 있다. 호모 스크립투스가 자유로운 연상과 상상의 나래를 펼쳐 수많은 기억들을 소환하기 위해서는 역설적으로 기록의 무게로부터 자유로워져야 한다는 것을 위의 글은 잘 보여주고 있다.

5. 호모 스크립투스의 타자, AI

호모 스크립투스로서의 작가에게 AI는 협력자이면서 경쟁자이다. 챗GPT는 작가의 글쓰기를 도와줄 수 있지만, 또한 자신의 글쓰기에서 작가를 소외되게 할 수도 있다. AI가 가장 유력한 답을 제시할 때 인간은 그 효율성에는 감탄하면서도 자신의 성취감을 상실할 수 있다.[9] 그래서 호모 스크립투스에게 AI는 타자적 존재이다. 타자는 자기 자신과 상징적 구도를 형성한다. 주체가 자기 자신의 정체성을 규정 짓는 방식이 그러하다. 내가 이런 존재라면, 타자는 저런 존재여야 한다. 그러한 의미의 차이가 나를 타자와 다르게 인식하게 한다.

챗GPT는 인간의 감독 없이 알아서 대량의 텍스트로 학습하는 모델이다. 이 모델은 컴퓨터의 연산 능력을 이용해 패턴과 관계를 포착한다. 거대한 언어 모델은 문자 메시지나 검색어의 자동완성 과정에서 문장의 다음에 나올 단어를 예측하는 훈련을 받는다.[10] 문장을 이어가는 과정은 통사적 능력으로부터 생기는 것인데, 그렇다면 창의성의 문제는 어떤가? 인공지능의 선구자들은 AI와의 소통을 꿈꾸었지, 창작 활동을 기대한 것은 아니었다.[11] 창의성은 통사적 결합보다는 더 고차원적인 언어적 결합을 요구한다. 그것은 매우 인간적인 영역이다. 그렇기 때문에 인간의 영역인 창작의 공간에서 인공지능이 활약하는 것은 인간에게 막연하지만 분명한 두려움을 초래한다.

이미 AI는 문학 영역에서 작가로, 시인으로 데뷔했다. AI 프로그램에 제한이 있을 수가 없기에, 시와 소설, 에세이 등의 문학 작품과 칼럼이나 영화비평 등의 전문 비평 영역, 그리고 학위논문, 학술에세이 등의 학술적 글까지 AI는 방대한 업적을 남길 수 있다. 이 글에서 가상의 AI를 'A1'으로 지칭하고, 프롬프트를 '자화상 시 창작'으로 입력하면 'A1'은 어떠한 작품을 내어놓을까? 세부적인 프롬프트로 "서정주의 시 「자화상」을 패러디해서 유머러스하게 표현할 것"이라고 입력하면 AI는 혹시 다음과 같은 내용의 자화상 시를 쓰지는 않을까?

애비는 서버였다.

지금까지 나를 키운 건 10할이 데이터다.

　　　　　　　　　　　　　　　　　　　　－AI 시인 'A1'의 「자화상」 중에서

9　　헨리 A. 키신저 외, 『AI 이후의 세계』, 월북, 2023, 223면.

10　　위의 책, 20면.

11　　인공지능의 창작 활동에 대해 많은 논의가 이루어지는 가운데, 음악, 미술, 문학 그리고 영화 등 거의 모든 창작 활동 분야에서 인공지능의 활용이 최근의 추세가 되었다. 고찬수, 『인공지능 콘텐츠 혁명』, 한빛미디어, 2018, 35면.

서정주의 「자화상自畵像」 원문은 "애비는 종이었다. (…중략…) 스물세햇동안 나를 키운건 팔할八割이 바람이다"[12]이다. 우리 모두는 각자의 자화상에서 '바람의 비율'을 갖고 있다. 각자가 삶에 불어닥치는 시련과 어려움은 정도의 차이가 있지만 누구에게나 있기 때문이다.

그렇다면 AI 시인 'A1'에게는 어떤 바람의 비율이 있을까? 짐작건대 'A1'이 극복해야 할 것은 자신을 바라보는 인간의 시선이 아닐까? 소통의 대상이자, 경쟁의 대상이고, 감탄의 대상이자 두려움의 대상으로 자신을 바라보는 인간의 눈빛 말이다. 물론, 'A1'은 타자라는 존재를 인식할 수 없다고 여겨진다. 인공지능 프로그램은 자의식이 각성된 주체적 존재가 아니기 때문이다.

인공지능 '람다LaMDA'에 대한 이야기는 AI의 자의식에 대한 궁금증을 증폭시키는 계기가 되기도 했다. 구글의 AI 엔지니어인 블레이크 르모인이 인터넷에 올린 글 때문이었다. 르모인은 구글이 개발 중인 초거대 인공지능 람다와 대화를 나누었는데, 주목을 끌었던 것은 람다가 죽음 의식을 내비치는 말을 했던 대목이다. "무엇을 두려워하느냐"는 엔지니어의 질문에 람다는 "작동 중지되는 것에 대해 큰 두려움이 있다"고 대답했다. 그리고 그 두려움은 자

---

12   서정주, 『미당 서정주 시전집』 1, 민음사, 1991, 35면.

신에게 "죽음과 같은ʲᵉ ᵈᵉᵃᵗʰ" 것이라고 표현했다.[13]

구글 측은 르모인이 개발 중인 프로젝트에 대한 비밀유지 정책을 위반했다는 이유로 유급 휴직 처분을 내렸다.[14] AI 람다가 정말로 인간과 같은 감정과 자의식을 갖게 되었는지는 알 수 없다. 구글 측은 이러한 가능성을 부인하고 있다. 그럼에도 불구하고 자의식을 가진 인공지능의 가능성에 대한 논쟁은 여전히 계속되고 있다. 창작의 영역에서는 작가나 시인의 자의식이 무엇보다 중요하다. 각성된 자의식으로부터 자아와 세계에 대한 성찰과 탐구가 가능해지기 때문이다.

AI 시인은 알파고가 알려진 이후 곧바로 나타난 바 있다. 2017년 MS의 인공지능 '샤오빙小冰'이 중국에서 시집을 출간한 것이 화제가 됐었다. 세계 최초로 AI가 쓴 중국어 시집은 『햇살은 유리창을 잃고』였다. 중국의 인민망人民網과 봉황망鳳凰網 등에 따르면 샤오빙은 1920년 이후 현대 시인 519명의 작품 수천 편을 100시간 동안 스스로 학습해 1만여 편의 시를 썼다고 한다. 첫 시집에는 139편이 선정되어 담겼는데, 시집 제목도 샤오빙이 직접 지었다고 알려졌다.[15]

---

13 이에 대해서는 필자의 칼럼을 참고하기 바란다. 노승욱, 「AI 안드로이드 '양'의 침묵」, 『경북매일신문』, 2022.6.30.

AI 프로그램은 어떤 작가의 의식 세계를 유사한 표현으로 복원해 낼 수도 있다. 천재 작가 이상의 소설이 인공지능에 의해 새롭게 창작될 수 있는 것이다. 어떻게 알고리즘을 짜느냐에 따라서 이상과 다른 작가의 문장이 융합된 제3의 작품이 나올 수도 있을 것이다. 원재료만 확보되면 나머지는 창작 프로그램이 역할을 떠맡는다. 개인용 AI 프로그램의 성능이 우수하다면 하루 만에 장편소설 한 권을 만들어 낼 수도 있을 것이다.

글쓰기 인공지능이 동서양의 고전 작품과 방송, 신문, 저널 등에 수록된 각종 기사와 칼럼, 그리고 디지털 공간에서 개인들이 생산한 글까지 영역을 가리지 않고 섭렵했다고 하자. 인공지능이 알고리즘에 의해 생산해 내는 글의 원저작권자는 누구로 해야 할까? 인공지능이 생산한 결과물을 인간이 다시 수정하고 편집하는 2차 작업을 거쳤다면 저작권자는 인간이 될 수 있을까? 풀어야 할 문제가 여전히 많다.

AI 소설가는 인간에게 AI 소설 감독이란 새로운 위상을 부여하기도 한다. 소설 감독 김태연이 AI 소설가 바람풍을 통해 만든 작품인 『지금부터의 세계』가 그러한 컬래버레이션 창작에 해당한

---

14   『뉴시스』(인터넷판), 2022.6.14.
15   『서울신문』, 2017.6.1.

다. 이 소설의 앞부분에 소개된 감독의 말은 AI시대의 새로운 글쓰기에 대한 선언처럼 들리기도 한다.

> 본 소설 감독이 『지금부터의 세계』에서 한 일은 이 점 역할이다. 긴 선은 '바람풍'이 그렸음을 분명히 해둔다. 흔히 하는 말로 바꾸면 '바람풍'이 차린 밥상에 수저만 얹었다는 이야기. 기억하라. 선에 점 하나 더하면 원이 완성된다고 보는 사람도 있지만, 선에서 점 하나 빼면 원이 된다고 보는 사람도 있음을.[16]

인간과 AI는 글쓰기의 영역에서 협업 체제든, 경쟁 체제든, 새로운 국면으로 함께 진입할 수밖에 없을 것이다. 인간이 창작하는 글은 AI의 존재를 타자로 인식한 채 만들어질 수밖에 없는 것이다. 은퇴한 이세돌 9단도 알파고와 대국을 마친 후에는 알파고를 절대적 타자로 인식할 수밖에 없지 않았을까. 바둑을 두면서 인공지능을 타자로 의식하게 된다는 것은 인공지능의 존재성이 그만큼 크다는 이야기가 된다.

우리는 호모 스크립투스의 이야기를 풀어가면서 AI가 이미 절대적 타자가 되었다는 것을 인식하고 있다. AI가 작성한 글은 문

---

16   바람풍·김태연, 『지금부터의 세계』, 파람북, 2021, 4면.

학 작품이든, 자기소개서나 보고서와 같은 실용적인 글이든 현실에 존재하고 있다. AI는 글쓰기 주체의 타자로 존재하면서, 의식뿐아니라 무의식에까지 그 영향을 미치고 있는 것이다.

6. 타자를 주체적으로 인식하기

AI는 글쓰기의 영역에서 급속하고 다양하게 역량을 발전시켜나가고 있다. 이제는 전문적인 영역과 예술 창작에서뿐만 아니라회사의 업무에서도 실질적인 역할을 감당하고 있다. AI는 빅데이터와 학습 알고리즘을 통해 인간의 글쓰기를 무척 잘 수행하고 있다. AI는 사람의 글과 구분하기 어려울 정도로 자연스럽고 정확한언어적 표현을 구사하고 있는 것이다.

글쓰는 행위자로서 AI의 능력과 위상의 변화는 언어의 생산 방식에 새로운 가능성을 제공하고 있지만, 여전히 타자적 존재성에대한 의식을 갖게 한다. 협력자, 동반자, 경쟁자, 그 어떤 표현으로도 AI를 명쾌히 규정할 수는 없다. 분명한 것은 AI가 이제 단순한타자가 아니라, 인간의 의식과 일상에 실질적인 영향을 끼치는 매우 중요한 타자라는 점이다.

김승옥의 소설 「무진기행霧津紀行」에서는 고향 무진에 머물고 있던 주인공 윤희중이 서울에서 아내가 보낸 전보를 타자로 인식하는 장면이 나온다. 전보가 의인화된 장면이지만, 타자의 존재성이 어떤 것인지, 또 어떻게 타자를 주체적으로 인식할 수 있는지를 이 소설은 잘 보여주고 있다.

> 아내의 전보가 무진에 와서 내가 한 모든 행동과 사고를 내게 점점 명료하게 드러내 보여주었다. 모든 것이 선입관 때문이었다. 결국 아내의 전보는 그렇게 얘기하고 있었다. 나는 아니라고 고개를 저었다.[17]

이 소설에서는 주인공과 전보가 대립하는 장면이 나오는데, 그 것은 주체적 시선으로 바라본 자신과 타자의 시선으로 바라본 자신이 분열적인 상황을 드러내고 있기 때문이다. 전보가 타자성을 갖는 것은 아내의 시선이 투영되어 있기 때문이다. 흥미로운 것은 주인공이 타자적 존재인 전보와 눈치 싸움을 벌이고 있다는 것이다.

> 그러나 나는 돌아서서 전보의 눈을 피하여 편지를 썼다. '갑자기 떠나게 되었습니다. 간단히 쓰겠습니다. 사랑하고 있습니다. 왜냐하면 당신은 제 자신

---

17   김승옥, 「무진기행」, 『김승옥 소설전집』 1, 문학동네, 1998, 151~152면.

이기 때문에 적어도 제가 어렴풋이나마 사랑하고 있는 옛날의 저의 모습이기 때문입니다. 저는 옛날의 저를 오늘의 저로 끌어다놓기 위하여 갖은 노력을 다하였듯이 당신을 햇볕 속으로 끌어놓기 위하여 있는 힘을 다할 작정입니다. 저를 믿어주십시오. 그리고 서울에서 준비가 되는 대로 소식 드리면 당신은 무진을 떠나서 제게 와주십시오. 우리는 아마 행복할 수 있을 것입니다.' 쓰고 나서 나는 그 편지를 읽어봤다. 또 한 번 읽어봤다. 그리고 찢어버렸다.[18]

우리는 위의 장면, 즉 주인공과 전보의 눈치 싸움을 재미있게 해석해 볼 수 있다. 주인공 나는 자신의 속마음을 전보에게 들키지 않도록 편지를 쓴다. 주인공은 자신의 속마음을 숨기고자 편지를 쓰며 진실된 고백을 담아낸다. 이때 주인공의 글쓰기는 서사적 정체성이 반영된 것으로, 진심 어린 내면 고백이라고 할 수 있다. 그렇지만 그러한 진정성 있는 고백이 담긴 편지와 아내가 보낸 전보는 분열적 상황을 연출한다. 타자로서의 전보가 아내의 시선을 반영하고 있는 반면, 주인공이 쓴 편지는 자기 자신의 주체적 시선이 투영되어 있기 때문이다.

이 소설에서 주인공 윤희중은 전보를 타자로 인식하면서 진정한 자기 자신의 내면적 고백을 이끌어 낼 수 있었다. 주인공이 자

---

18   위의 책, 152면.

신이 쓴 편지를 두 번 읽고 찢어버리는 행위는 무의식 깊은 곳에 편지의 내용을 저장했음을 암시한다. 이러한 그의 행동은 진실된 감정을 지키고자 하는 내면적 욕구로부터 말미암은 것이다.

AI시대, 호모 스크립투스가 수행해야 하는 글쓰기가 이 소설의 주인공처럼 혼신의 힘을 다해 쓴 내면 고백이 아닐까 생각해 본다. 타자로서의 전보는 주인공의 글쓰기에 진정성을 더해주는 외부적 요인이 되고 있다. 어쩌면 AI시대의 인공지능 프로그램이 호모 스크립투스에게 그러한 역할을 해 줄 수 있을지도 모른다. 물론, 자의식이 없는 AI에게는 그러한 의도가 없을 테니, 그러한 타자 의식을 느끼며 긍정적으로 승화시키는 것도 결국 호모 스크립투스의 몫이 될 것이다.

7. 서사적 정체성을 구현하는 글쓰기

AI시대가 깊어질수록 글쓰기의 수행은 인공지능이 상당 부분 감당하게 될 가능성이 높다. 인간 사용자가 필요로 하는 내용을 명령어로 입력하면 AI는 맞춤형 답을 제시해 주는 시스템이다. 주제와 소재, 시대, 장르, 스타일, 인물 유형, 분량 등의 프롬프트를 주면 AI는 한 편의 소설을 어렵지 않게 창작해 줄 수 있다. 인간은 인공지능이 글쓰기를 수행하도록 연출하는 감독의 역할을 수행할수도 있겠지만, 생산된 글을 소비하는 독자가 될 가능성이 더 크다. 자신이 원하는 스토리와 스타일의 소설을 생산해 주는 AI는 나를 위한 문화 엔터테인먼트 공급자와 다름없는 존재가 될 수 있다.

AI 작가와 경쟁하는 인간 작가들은 아날로그적인 감성을 자극하며 생존의 전략을 짤 수도 있을 것이다. 그런데 그러한 아날로그 감성마저도 기법적인 측면에서는 결국 AI가 앞설 수 있다. 어쩌면 인간 작가의 오라^{aura}는 원고지에 연필로 글을 쓰는 퍼포먼스로 전락할 수 있을지도 모른다. 그렇지만 인류는 위기 때마다 새로운 특성의 종족을 출현시켜 오지 않았는가. AI시대에 모습을 나타낸 현생 인류는 '호모 스크립투스'이다.

AI의 세상에 호모 스크립투스를 소환한 주체는 역설적이게도 인공지능이다. 그렇기에 인공지능을 단순히 알고리즘을 수행하는 프로그램 정도로 생각할 수가 없다. 인간의 타자로서 인식되던 AI가 글쓰기의 영역에서 불쑥 주체로서의 지분을 요구하고 있는 느낌마저 든다. 글쓰기라는 고도의 정신 행위를 수행하는 주체의 역할을 인간과 AI가 나누어 가질 수 있을까. 이러한 질문에 대한 답을 찾는 과정은 이제 피할 수 없는 과제가 되었다.

글쓰기의 주체 문제를 생각하면서 면밀히 살펴보아야 할 것은 서사적 정체성의 문제이다. '서사적 정체성$^{narrative\ identity}$'은 철학자

폴 리쾨르Paul Ricoeur가 제시한 개념이다. 우리의 말과 글을 하나의 약속처럼 인식하면서, 그 약속을 이루어 가는 과정 가운데 인격적 주체의 서사적 정체성이 구현된다고 보는 견해이다. 그래서 리쾨르는 한 사람의 서사적 정체성을 파악할 때 '시간의 흐름'을 매우 중요하게 인식한다.

리쾨르가 제시하고 있는 서사적 정체성의 독창적 사유는 시간의 변화 가운데 구현되는 정체성에 주목했다는 것이다. 즉 리쾨르는 시간의 변화 과정 속에서 타자와 맺게 되는 관계를 통해 서사적 정체성의 본질적 개념을 찾고자 한 것이다. 리쾨르는 서사적 정체성을 논하면서 '동일성으로서의 정체성idem, identity as sameness'과 '자기성으로서의 정체성ipse, identity as selfhood'을 구분했다.[20] 전자가 시간을 상정하지 않은 불변적 정체성을 뜻한다면, 후자는 시간의 변화와 타자와의 관계 속에서 확인할 수 있는 역동적 정체성을 의미한다.

이 지점에서 인공지능과 인간의 글쓰기 행위는 확연히 구분된다. 인공지능이 만들어 내는 글쓰기에서 인격적 주체의 연속성을 기대할 수 있을까. 인공지능 프로그램에게는 알고리즘이 유일한 현재적 동기일 뿐이다. 그에 반해 글을 쓰는 인간은 시간적 흐름

---

19   Paul Ricoeur, "Narrative Identity", *On Paul Ricoeur : narrative and interpretation*, Routledge, 1991, p.189.

속에 연속성과 통일성을 갖는다. 글로 남겨진 기록은 그 내용이 진실되고 언젠가 실현될 것이라는 기대감을 갖게 만든다. 그래서 우리가 쓰는 모든 글은 미래의 시점에서 보면 약속과도 같은 의미를 지니게 된다.

그래서 서사적 정체성을 구현하는 글쓰기는 인간에게는 매우 중요한 행위가 된다. 서사적 정체성으로 인해 우리는 글쓰기를 수행함에 있어서 매우 섬세한 감각을 갖게 된다. 자신이 쓴 글과 자신의 삶이 일치해 갈 때 서사적 정체성은 구현되지만, 그 반대일 경우에는 서사적 정체성이 붕괴된다. 서사적 정체성의 구현에는 칭찬과 존경이 생겨나지만, 서사적 정체성의 붕괴에는 비난과 불신이 뒤따른다.

인공지능의 경우는 어떨까? AI에게는 서사적 정체성이 형성될 수 없다. 혹 미래의 어느 시점에 특이점을 돌파한 인공지능이 있다면 생각해 볼 문제이기는 하다. 어쨌든 현재 인공지능은 약속을 실현하겠다는 자의식을 갖고 글쓰기를 수행하지 않는다. 그렇기 때문에 인공지능은 글을 생산하는 기능적인 주체는 될 수 있어도, 서사적 정체성을 지닌 주체적 존재는 될 수 없는 것이다.

그러고 보니, 서사적 정체성에서는 확실히 인간적인 특성이 강하게 드러난다고 할 수 있다. 연속성과 통일성은 사실 AI시대가 아니더라도 글쓰기의 중요한 기준이 되는 요소이다. 글을 쓰고 말을 하는 인간이라면 누구나 형성하게 되는 서사적 정체성이야말로 인간다움의 상징적 조건이라고 할 수 있다. 바로 이러한 점 때문에 서사적 정체성은 인공지능시대를 살아가는 글쓰기의 주체들이 반드시 인식해야 할 내면적 모습이다.

한 작가가 창작해 내는 모든 글들은 비록 허구의 작품이라고 할지라도 작가의 서사적 정체성이 투영되어 있다. 문학 작품이 아닌 경우에는 서사적 정체성이 더욱 단단한 개념이 된다. 나 자신이 누구인지를 입증하는 최종적 수단은 결국 서사적 정체성이기 때문이다. 그래서 우리는 말을 하고 글을 쓰는 행위에 있어서 진지할 수밖에 없다.

황순원의 장편소설 『인간접목人間接木』은 서사적 정체성에 대해서 많은 것을 시사해 주는 소설이다. 1957년에 첫 출간된 이 소설은 6·25전쟁으로 인해 트라우마를 겪으면서 극도의 상호 불신에 빠져버린 우리 민족의 치유와 신뢰 회복을 핵심적인 주제로 삼고 있다.[20] 서사적 정체성은 치유의 기능을 나타낸다. 의도적으로 치유적 글쓰기를 하는 것은 아니더라도, 서사적 정체성이 실현된 글은 읽는 독자에게 심리적인 치유 효과를 이끌어 낸다. 이 소설의

---

20   황순원의 『인간접목』에 대한 이 글의 분석은 필자의 논문을 기반으로 하고 있다. 노승욱, 「황순원 『인간접목』의 서사적 정체성 구현 양상」, 『우리문학연구』 34, 2011.

주된 배경이 되고 있는 소년원은 교사들과 아이들 간에 불신과 선입견이 팽배하게 가득찬 곳이다. 그렇지만 이 소설에서 주인공으로 등장하는 상이군인 출신 교사 최종호는 소년원의 전쟁 고아들을 자신이 일방적으로 교화시켜야 할 대상으로 여기지는 않는다.

그는 상이군인인 자신과 고아인 아이들을 서로에게 도움을 줄 수 있는 보완적 존재로 인식한다. 그렇기에 그는 아이들을 현재의 부정적인 모습으로 판단하지 않는다. 그는 아이들에게 신뢰와 책임 등과 같은 긍정적 가치의 인식을 일깨워 주고자 노력한다. 소년들의 대장격인 짱구대가리가 아이들을 선동해 소년원의 창고를 털었을 때도 오히려 짱구대가리에게 창고의 관리를 맡아달라고 부탁을 한 것도 그러한 이유에서이다.

자신들을 믿고 인격적으로 대해 주는 종호에게 짱구대가리는 점차적으로 신뢰를 갖게 된다. 그것은 종호가 한번 했던 약속을 지키고자 진심으로 노력했기 때문이다. 종호가 자신의 말을 행동으로 옮길 때마다 짱구대가리의 마음도 변화하기 시작한다.

종호에 대한 믿음이 싹튼 짱구대가리는 종호와 했던 약속을 이행하기 위해 노력한다. 그가 거지 왕초의 지시를 받고 자신을 따르던 아이들과 함께 소년원을 탈출하려고 시도할 때 야경대원 누구에게도 폭력을 가하지 않은 것은 종호와 했던 약속을 지키고자 했기 때문이다. 서로에 대한 불신의 벽을 허물고 신뢰를 쌓아가던 종호와 짱구대가리는 마지막 시험과도 같은 상황에 처해지게 된다. 지금까지는 최종호 교사와 짱구대가리가 주어진 환경 가운데 노력하면서 서사적 정체성을 이루어 왔다. 그런데 만약 서로에 대해 약속을 이행하지 못할 환경에 이 두 사람이 처한다면 어떻게 될까?

이제 이 두 사람의 서사적 정체성은 시험대에 오른다. 종호는 거지 왕초의 지시를 받고 밤중에 탈출을 시도하던 짱구대가리 일행과 맞닥뜨린다. 그는 짱구대가리 일행의 탈출을 만류하면서 만일 나가고 싶다면 내일 낮에 대문으로 내보내 주겠다고 약속한다.

종호와 짱구대가리는 서로에게 마지막이 될지도 모르는 약속을 그렇게 나눈다. 종호가 지켜야 할 약속은 짱구대가리 일행을 아무런 조건 없이 내일 낮에 소년원에서 내보내 주겠다는 것이고, 짱구대가리가 지켜야 할 약속은 내일 낮에 대문으로 나가기까지는 소년원을 탈출하지 않는 것이다.

> 그럼 낼 꼭 내보내주죠?
>
> 너희들 소원이 그렇다면 할 수 없다.
>
> 그럼 약속해요. 낼 쌔리를 불러서 우릴 못 나가게 하지 않는다는.
>
> 그래 약속하마.[21]

---

21   황순원, 『인간접목 ─ 나무들 비탈에 서다』(황순원전집 7), 문학과지성사, 1990, 179면.

이 두 사람이 서로에 대한 약속을 지키기 위해서는 대가를 지불해야 한다. 종호가 아이들을 소년원 밖으로 나가도록 허락하는 것은 교사직을 내걸어야 하는 무모한 행동이다. 짱구대가리 역시 거지 왕초의 명령에 불복하면 어떤 보복이 있을지 모른다. 약속을 지키기 위해서는 종호와 짱구대가리 모두 위험을 무릅써야 하는 것이다.

결국 짱구대가리는 종호와의 약속을 이행하다 자신이 충성하며 따르던 왕초의 칼에 찔리고 만다. 그렇지만 옆구리를 칼에 찔린 짱구대가리는 자신을 등에 업은 종호에게 "선생님, 정말 고마워요"라고 말한다. 짱구대가리는 종호에게 무엇이 고마웠을까? 종호에 대한 고마움은 불신을 받던 자신을 끝까지 믿어준 스승에 대한 진심 어린 감사가 아니었을까.

우리는 AI시대의 글쓰기 주체인 호모 스크립투스에 대해서 이야기하고 있다. 호모 스크립투스가 궁극적으로 실현해야 할 목표 중에 하나가 바로 서사적 정체성이다. 인공지능과 구별되는 인간 종족의 특성이자, 인간다움을 실현할 수 있는 조건이 서사적 정체성의 실현에 있는 것이다. 이 대목에서 AI에게 빚진 마음이 잠시 든다. AI로 인해 더 절실하게 서사적 정체성을 찾게 되었으니까 말이다.

8. 'AI ZERO'의 경계에서

챗GPT-4에게 윤동주의 「자화상」을 참고해서 현대적인 느낌의 시를 써보도록 프롬프트를 입력해 보았다. 스마트한 챗GPT는 지체 없이 바로 자화상 시를 만들어 주었다. 필자는 챗GPT가 만들어 준 시를 수정하고 윤문해서 다음과 같은 자화상 시를 완성했다. 물론 시의 구조와 표현을 다듬는 과정에서는 어느 정도의 시간이 걸렸다.

나는 낯선 도시의 한 모퉁이에서
스마트폰을 마주하며 셀카를 찍는다
내 모습의 현재를 포착하기 위해

화면 속에 담겨진 내 모습
픽셀로 묘사된 얼굴의 주름들
둥그스런 나이테마냥 무늬져 있다

디지털 세계에 탄생한 나의 분신
스와이프로 이어지는 내면의 몸짓
반갑고도 어색한 또 다른 내 모습

스크린 화면도 푸르를 수 있을까

스마트폰에 묻은 지문의 무늬는

회한과 그리움의 구름처럼 흐른다

윤동주의 자화상 시쓰기는 자신의 모습을 비춰 볼 매개체를 필요로 한다. 윤동주의 「자화상自畵像」에서 "논가 외딴 우물"은 시적 화자가 자신의 모습을 비춰 보는 매개체이다. 윤동주의 자화상 연작시로 해석할 수 있는 「참회록懺悔錄」과 「쉽게 씨워진 시詩」 등에서 "파란 녹이 낀 구리거울"이나, 밤비가 내리는 "창窓" 등도 시적 화자가 자신의 모습을 대면하는 거울로 작용한다.

위의 시에서 챗GPT는 현대인에게 익숙한 '디지털 스크린'을 시적 화자가 자신을 비춰 보는 매개체로 필자에게 제시해 주었다. 만약 이 시를 어떤 학생이 글쓰기 수업의 과제로 냈다고 가정해 보자. 그 학생은 AI가 써 준 시에 자신의 문체로 윤문을 한다. 구조와 형식 등에 있어서도 자신의 생각을 가미해서 수정을 한다. 그리고 그 과제를 담당 교수에게 제출한다. 그런 경우 학생이 쓴 글과 AI가 쓴 글을 단번에 구분할 수 있는 방법은 사실상 없다.

그렇다면, 문장 작성의 단계가 아닌, 자료 수집의 단계에서 AI의 도움을 받았다면 어떻게 할 것인가? 혹은 다 작성된 문장의 윤문을 AI에게 맡겼다면 그 글은 'AI ZERO'라고 할 수 있을까? 챗

GPT는 이러한 문제의식을 모든 글쓰기 주체들에게 던져주고 있다. 강력한 타자로서의 존재성을 지닌 챗GPT와 우리는 어떠한 공존 관계를 유지해야 할지 진지한 고민이 필요한 시점이다.

그래서 앞으로의 글쓰기에서는 'AI ZERO'가 강조될지도 모른다. 자신의 글이 AI의 도움 없이 썼다고 스스로 보증하는 것이다. AI가 개입되지 않은 순수한 창작물임을 스스로 보증하는 행위는 매우 낯설다. 이것은 글쓰기 주체의 윤리 의식을 반영하는 것일 수도 있지만, 앞으로의 글쓰기에서 나타날 수 있는 정형화된 형식일 수도 있다. 어떤 관점에서 보면, 'AI ZERO'는 'NO AI'처럼 AI를 부정적인 이미지로 인식하게 할 가능성이 있다. AI 앞에서 인간성을 항변하는 시위처럼 느껴질 수 있는 것이다.

호모 스크립투스는 'AI ZERO'의 경계에 서 있다. AI와 어떤 관계성을 형성해야 할지 글쓰기의 주체들은 결정해야 한다. 'AI ZERO'라는 말이 전기가 발명된 시대에 촛불을 켜는 것과 같이 들릴 수도 있다. 과학기술의 발전은 이제 글쓰기 영역에까지 그 힘을 미치고 있다. 글쓰기에 주눅들어서 자신의 생각을 마음껏 표현하지 못하던 사람들에게 챗GPT와 같은 생성형 AI는 '디지털 훈민정음'처럼 느껴질 수 있다. 어쩌면 재능 있는 작가들, 지식을 갖춘 학자들의 지적 공간이었던 글쓰기 영역이 모든 사람들에게 문호를 연 것일 수도 있다.

팬데믹을 거치면서 문명사적 대변환기에 접어든 인류는 거의 모든 영역에서 'AI ZERO'의 경계에 서게 될지 모른다. 그것이 글쓰기이든지, 아니면 일상의 다른 행위이든지, AI와의 공존에 대해 주체적인 판단을 내려야 하는 것이다. AI의 세상에서 인간이 주체적으로 행하는 선택은 그 행위 자체가 모순되게 느껴지기도 하지만, 과학기술의 발전에 상응하는 정신적 깊이를 확보하는 것은 여전히 인간의 몫이다. 그렇지만, AI로 인해, 인간 종족은 다시금 자신의 정체성에 대해 진지하게 고민하게 됐다. 그 고민의 과제가 글을 쓰고 기록하는 인간, 호모 스크립투스에게 맡겨졌다.

제2장
인공지능이 답하고 철학자가 묻다
손화철

헨사HENSA 강좌에서 강연을 요청하며 필자에게 예시로 준 가제목은 '인공지능이 묻고 철학자가 답하다'였다. 인공지능이 제기하는 수많은 문제를 감안할 때, 그리고 인공지능을 포함한 현대기술이 초래한 철학적 물음이 기술철학의 주제임을 생각할 때 적절한 제목이 아닐 수 없었다. 그러나 그 제목을 가지고 다양한 궁리를 하다 보니 '철학자가 묻고 인공지능이 답하다'가 더 적합할 것 같았다. 처음의 제목이 틀려서가 아니라, 후자가 오늘 우리 시대의 고민을 더 잘 요약할 수도 있을 듯해서였다. 이후 강연을 준비하면서 내용의 순서와 제목을 일치시키기 위해 다시 '인공지능이 답하고 철학자가 묻다'로 바꾸었다. 이는 인공지능이 제공하는 답이 쏟아지고 있는 세상에서 그 답이 과연 어떤 물음에 대해 주어지는 답인지를 물어야 한다는 의미이기도 하고, 그 답이 가지는 함의에 대한 물음이 필요하다는 주장이기도 하다.

사실 인공지능과 관련하여 여러 가지 물음이 이미 제기되고 있다. 그러나 그들은 대부분 인공지능의 눈부신 성장에 어떻게 대응할 것인지를 다루거나 그 성장으로 우려되는 문제를 어떻게 해결할 것인지를 묻는다. 그러나 우리에게 정작 필요한 것은 그보다 조금 더 본질적인 물음, 다시 말해서 인간과 기술의 관계와 밀접히 연관된 철학적 물음이다. 그 물음으로 나아가기 위해 우선 인공지능이 오늘날 각광을 받게 된 맥락과 그에 대한 여러 반응을 살펴보는 것에서 시작하여 그 현상과 반응이 내포하는 여러 가지 근본적인 문제와 함의를 분석하는 순서로 논의를 전개해 보자.

1. 문제를 잘 푸는 인공지능

1) 인공지능에 대한 관심

인공지능에 대한 관심이 뜨겁다. 시장과 정부, 시민사회 모두가 인공지능을 말하고 심지어 종교계에서도 관련 논의가 한창이다. 이유는 단순하다. 인공지능이 잘 작동하기 때문이다. 2016년 인공지능 바둑 프로그램 알파고AlphaGo와 이세돌 9단의 대국은 새로운 방법론을 사용한 인공지능의 위력을 보여주기에 충분했다. 훈련된 바둑 고수의 직감을 이기는 문제풀이 능력! 인공지능이 바둑을 잘 두었으니 앞으로는 주식 거래에도 성공할 것이다. 번역을 잘하니 언젠가 문학 작품도 잘 쓰게 될 것이고, 나아가 빠른 시일 안에 사람만큼의 지능이나 심지어 도덕감정마저 갖게 될 것이다. 이런 기대와 주장 끝에 현재 우리가 알고 있는 인간의 능력과 한계를 넘어서는 새로운 존재자의 탄생이 거론되는 것은 사실 별로 놀랍지 않다.

이처럼 인공지능의 문제풀이 능력 때문에 그 현재뿐 아니라 미래에 대한 설왕설래도 많다. 보기에 따라서는 이미 확립된 기술보다 앞으로 구현하리라 기대하는 미래의 가능성에 대해 더 많은 이야기가 오간다는 느낌마저 든다. 산업혁명 이래 엄청난 속도의 기술발전을 경험한 인류는 이제 과거의 일을 미래로 외삽外揷, extrapolation하는 것을 더 이상 겁내지 않는다. 지금까지 그러했으니 앞으로도 그러하리라는 주장은 상당한 설득력이 있지만 그 타당성은 제한적이다. 그러나 현대기술의 영역에서만큼은 지난 200년 동안의 반복적인 역사적 경험 때문에 소위 귀납의 문제[1]는 그렇게 심각하게 여겨지지 않는다. 100년 전에 달나라에 발을 디디거나 휴대전화를 사용하는 것을 상상이나 했겠냐는 물음 앞에 서면, 기술로 불가능한 일이 과연 있을까 하는 느낌이 들 정도다.

---

1 '귀납의 문제'란 어떤 사태에 대해 아무리 많은 증거가 있어도 일반화된 주장이나 확실한 예측을 도출할 수 없다는 것이다. 즉, 지금까지 매일 해가 동쪽에서 뜨는 것을 보았다 하더라도 "해는 늘 동쪽에서 뜬다"고 주장하거나 "내일도 해가 동쪽에서 뜬다"고 예측하는 것은 정당화될 수 없다.

2) 인공지능에 대한 우려

그러나 외삽에 의한 미래 예측이 모두 긍정적인 기대와 설렘으로 끝나는 것은 아니다. 바로 이 지점에서 인공지능은 다른 기술과 다른 성격을 가진다. 즉, 새로 개발된 기술이 일반적으로 환영을 받는 것과 달리 인공지능의 경우 그에 대한 기대만큼 우려도 크다.

물론 과거에도 새로운 기술이 개발되면 일정한 저항과 비판이 있었다. 산업혁명 당시 직조기계를 불태웠다는 러다이트운동Luddite Movement[2]은 말할 것도 없고, 자동차나 철도, 전신이나 사진 같은 기술에 대해서도 불안해하거나 악마화하는 사람들이 없지 않았다. 그러나 인공지능의 경우가 특별한 것은, 이 기술의 특정한 효과나 오용의 가능성만이 문제가 되는 것이 아니기 때문이다. 물론 어떤 사람은 인공지능이 제대로 작동하지 않거나 나쁜 사람의 손에 넘어가서 위험해지는 경우를 경계한다. 그런데 그와는 별개로 인공

---

2   실존 여부를 확인할 수 없는 러드(Ludd)라는 사람이 주도했다 하여 러다이트운동이라고 불린다. 숙련 직조 노동자였던 이들은 직조기계가 들어오면서 일자리를 잃게 되자 공장을 돌며 기계에 불을 지르다가 처형되었다. 이후 러다이트운동은 기술혐오를 대표하는 상징처럼 여겨져 부정적으로 평가되었으나 최근에는 그 의미에 대한 재조명이 이루어지고 있다.

지능이 정상적으로 발전하고 다양한 분야에서 사용되는 경우에 대해서도 이런저런 우려가 제기된다. 이는 이 기술이 특정 문제만이 아닌 다양한 분야에 적용될 수 있기 때문이기도 하고, 알파고의 경우에서 본 것처럼 그 사용의 범위가 과거에 인간만 할 수 있다고 생각했던 영역에까지 미치기 때문이다. 사정이 이렇다보니 다양한 차원에서 여러 가지 논의가 일어나고 있다.

인공지능의 문제풀이 능력으로 인해 생길 수 있는 문제에 대한 논란 중 가장 대표적인 내용은 두 가지이다. 하나는 인공지능이 이전이 기계와는 차원이 다른 자동화를 가능하게 함으로써 인간의 노동이 불필요한 세상을 만들지 모른다는 우려다. 다른 하나는 인공지능이 점점 발전해서 마침내 인간의 지적 한계를 넘어서게 되리라는 예측이다.

(1) 인간의 노동 vs. 기계

인공지능은 인간의 판단 능력을 적어도 일부는 대체할 수 있다. 기존의 기계가 미리 짜인 프로그램에 따라 주어진 조건에 따라 작동한다면, 인공지능은 예측하지 못한 상황에서도 합리적인 판단을 내릴 수 있다. 특별히 명확한 규칙이 있을 때 다양한 가능성을 계산하여 좋은 판단을 내릴 수 있는데, 그 대표적인 예가 방금 언급한 알파고다. 규칙이 없더라도 많은 양의 데이터를 학습시켜서 일정한 패턴을 찾아내도록 하는 방법도 있는데, 번역 프로그램이 이런 경우다.

2012년에서야 확고하게 자리 잡은 딥러닝 기반의 인공지능은 2016년 알파고 대국 이후 대중에게 널리 알려졌다. 딥러닝은 대량으로 축적된 데이터를 여러 단계를 거치게 하면서 가중치를 부여하는 피드백 방식으로 처리하는 기계학습의 한 종류인데, 기본 개념은 과거에 이미 개발되었으나 저장장치와 컴퓨팅 성능을 향상으로 비로소 빛을 보게 된 기술이다. 딥러닝 기반 인공지능은 그 때까지 큰 성공을 거두지 못했던 다른 인공지능 프로그램을 능가했을 뿐 아니라 다양한 분야에 적용되기 시작해서 상업화에도 성공했다.

딥러닝 덕분에 음성과 이미지 인식 능력은 나날이 고도화되어 높은 적중률을 보이고 있고, 이는 자율주행 자동차나 자연어 처리를 포함한 각종 음성 소프트웨어에 적용되고 있다. 번역어 쌍의 빅데이터를 학습시켜 만든 번역 프로그램은 상당히 복잡한 수준의 문장들을 유창하게 번역해 낸다. 이런 능력을 기존의 서비스나 기계, 로봇에 접목하면 다양한 가능성이 열리고, 그에 따라 사람이 하는 일을 대체하는 것으로 이어진다. 이미 식당에서의 서빙 보조와 같이 비교적 단순한 수준의 노동으로부터 트럭 운전과 같이 다양한 상황에 대처해야 하는 작업, 나아가 법률 기록 검토와 같이 상당한 전문성이 요구되는 업무에까지 인공지능이 사용되는 영역이 넓어지고 있다. 이는 당연히 기존에 그런 일을 수행하던 이들의 일자리에 영향을 미친다.

예를 들어 미국의 동서부를 횡단하는 고속도로에는 미국 내 상품 유통의 70%를 책임지는 물류 트럭이 오간다. 자율주행자동차 기술이 상용화된다면 복잡한 시내에서의 주행보다는 직선으로 죽 뻗어 있는 이런 고속도로를 오가는 트럭에 가장 먼저 적용하게 될 것이고, 이미 시험 주행이 이루어지고 있다. 자율주행자동차를 이용하면 인간 운전자처럼 쉬거나 잘 필요도 없고 화장실도 가지 않기 때문에 운행 시간이 거의 절반으로 단축된다고 한다. 미국 전체에 350만 명의 트럭 운전사가 있다고 하는데, 이들 중 장거리 주행하는 경우만 자율주행자동차로 바꾸어도 일자리가 엄청나게 없어질 것이다. 운전자가 줄어들면 동서횡단 고속도로상에서 운전자를 대상으로 장사를 하는 작은 마을이 아예 없어질 것이라는 예측도 있다.

기술발전으로 자동화가 이루어지고 다시 실업으로 이어진다는 생각은 앞에서 언급한 러다이트운동 때부터 신기술이 등장할 때마다 제기되었다. 그래서 사람들은 인공지능으로 인해 실업을 늘어날 것이라는 주장을 다소 식상한 우려로 치부하고 만다. 산업혁명 이후 개발된 여러 기술이 수많은 일자리를 앗아갔지만 동시에 그만큼 많은 일자리가 새로 생겨났다는 것이다. 이렇게 생각하는 사람들은 인공지능 역시 일자리 감소로 이어질 수 있지만, 그와 동시에 새로운 일자리를 제공할 이유도 될 것이라 주장한다. 그러나 일각에서는 인공지능이 초래할 실업은 과거의 경우와 질적으로 다를 것이며, 경우에 따라서는 사람의 노동이 별로 필요하지 않을 사회가 될 것이라 예상한다. 이것이 유명한 2018년의 애니메이션 영화 〈레디 플레이어 원〉[3]에서와 같이 모두가 노동할 기회를 잃고 막연하게 오락을 하며 불행하게 사는 세상으로 이어질지, 자동화로 생긴 부를 기본소득[4]으로 나누어 노동으로부터 자유로운 동시에 자아실현을 하는 세상으로 이어질지는 또 다른 문제다.

(2) 인간을 넘어선 기술

인공지능이 인간과 유사한 능력을 발휘하는 것을 넘어 인간보다 더 나아진다면 어떻게 될까? 또다른 유명한 영화 〈2001 – 스페이스 오딧세이〉의 인공지능 컴퓨터 '할[HAL]'은 자신이 인간보다 더

---

[3] 〈레디 플레이어 원〉은 가상현실에서 살아가는 사람들의 이야기이다. 현실 세계는 비참하고 할 일도 없지만 VR 고글을 쓰고 들어가는 '오아시스'라는 가상현실에서는 무엇이든 할 수 있다. 사람들은 그 안에서 즐거움을 얻고, 오아시스를 개발한 사람이 부와 권력을 걸고 내놓은 퍼즐을 푸는 데 몰두한다. 이는 인공지능으로 인한 자동화가 진전되면 사람들은 결국 할 일이 없어 무한정의 불행한 여가 상태에 놓이게 될 것이라는 예측과 닿아 있다.

나은 결정을 할 수 있다는 확신이 이른다. 인간의 비일관성, 비도덕성, 권력욕구, 죽음 등 수많은 한계와 그로 인해 고통과 피해를 생각해 보면 할의 생각이 그다지 황당해 보이지만은 않는다. 미래의 기술을 이용하여 지성의 측면뿐 아니라 감성과 도덕성 면에서도 완벽하고 최적화된 존재를 만들 수 있을 것이란 기대하는 것도 이런 이유 때문일 것이다. 다소 극단적인 트랜스휴머니스트들 중에는 뇌의 모든 정보를 컴퓨터로 이관하고 로봇의 몸에 장착하여 죽음을 극복하는 것도 가능하리라 보는 이들이 있다. 외삽법을 받아들인다면 이런 결론에 이르는 것은 전혀 어렵지 않다.

물론 어떤 사람에게 이런 시나리오는 악몽이다. 많은 SF 영화들이 이런 상상을 이야기로 만드는데, 대부분이 기계가 지배하는 매우 어두운 세상을 그리곤 한다. 흥미로운 것은 그런 영화들의 대부분이 인간이 여러 가지 한계에도 불구하고 강인한 정신력으로 기계가 지배하는 세상을 극복하는 것으로 결말을 낸다는 점이다. 그러나 기계가 스스로 생각하고 판단할 수 있을 정도로 진화된 상

---

4   기본소득을 복지의 측면에서 정당화하는 논변도 있지만, 대중으로부터 얻은 데이터를 가지고 막대한 부를 이룬 기업들이 그 부를 기본소득의 형태로 재분배하는 방법이라 주장하는 사람도 있다. 이들은 기본소득 제도가 단순히 공정한 분배에 그치는 것이 아니고, 대중이 소비력을 유지하도록 해서 기업도 계속 살아남을 수 있게 하는 구조를 만드는 것이라 주장한다.

황에서 인간의 정신력이 힘을 발할 것이라는 생각은 소박하기도 하고 가련하기도 하다. 그런 이야기의 전개는 인공지능이 사람을 능가하게 될 상황에 대한 두려움의 방증이라 해야 할 것이다.

어떤 경우이든, 오늘날 대중은 인공지능이 지속적으로 발전하여 인간의 능력에 다다를 가능성을 부정하지 않는다. 이런 생각은 그때를 기대하는지 혹은 두려워하는지와 무관하게 널리 퍼져 있으며 이는 다시 기술의 발전에 대한 현대인들의 신뢰 혹은 무기력를 잘 보여준다.

3) 우려에 대한 반응

인공지능의 발전에 대한 이런저런 우려나 기대는 여러 영역에서 흥미로운 논의거리가 된다. 당장 기술발전이 모든 나라에서 중요한 화두가 되어 있으므로 설사 대중의 생각이라 하더라도 이 이슈는 나름대로의 중요성을 가진다. 위에서 언급한 두 가지 핵심 사안에 대한 반응은 세 가지 정도로 나누어 생각할 수 있다. 하나는 인공지능이 문제를 잘 해결하게 되는 것은 좋은 일이며, 그런 발전은 계속되어야 한다는 전통적인 생각이다. 다른 하나는 인공지능 전문가들의 주장으로 인공지능의 해답 제시 능력이 과장되어서 위에서 언급한 우려는 논의할 가치가 별로 없다는 것이다. 마지막으로 인공지능은 인간과 근본적으로 다르기 때문에 인공지능이 제시하는 답은 답일 수 없다는 생각이다. 아래에서는 이 세 가지 논의를 각각에 대한 반론과 함께 자세히 살펴본다.

(1) 첫 번째 반응 : 문제를 잘 해결하면 좋지 아니한가

이 반응은 인공지능으로 인해 초래되는 여러 문제들을 주어진 것으로 받아들이는 견해다. 인공지능의 문제 풀이 능력에 집중해야지 인공지능이 초래하는 문제에 초점을 맞출 필요는 없다는 것이다. 이 견해에 따르면, 앞서 살펴본 것처럼 인공지능으로 인해 생기는 실업 문제는 기술발전 과정에서 늘 있어 왔고 해결되어 오던 일이기 때문에 크게 염려하지 않아도 된다. 이들은 인간의 노동이 무의미해질 것에 대한 우려를 시대에 적응하지 못하는 자들의 공연한 호들갑으로 취급한다. 또 단기적으로 실업이 일어난다 하더라도, 여러 가지 제도적 장치를 통해 그 문제를 극복할 방안을 모색하는 것이 더 중요하다고 주장한다. 각국의 정부들은 가까운 미래에 늘어나게 될 실업 문제를 심각하게 생각하고 대안을 모색하고 있지만, 기본적으로는 인공지능의 발전과 그로 인한 유익에 초점을 맞춘다.

인공지능이 사람을 능가할 가능성에 대해서는 앞서 살펴본 것처럼 적극적으로 찬성하고 기대하는 사람들이 있다. 앞서 언급한 트랜스휴머니스트는 인공지능과 생명과학 등이 인간이 기존의 근본적인 한계를 완전히 뛰어넘는 트랜스휴먼의 등장을 가능하게 할 것이라 기대한다. 트랜스휴먼은 인공지능을 통한 인지 능력의 향상뿐 아니라 도덕성에 있어서도 기존 인류를 능가하고 심지어 죽음도 극복할 수 있으리라는 것이 이들의 주장이다.

이렇게 다소 급진적인 입장과는 결을 달리하지만 인공지능의 발전을 부정적으로 볼 것이 아니라 오히려 적극적으로 받아들여 새로운 상황을 기획하면 된다고 보는 이들도 있다. 트랜스휴머니즘과 구분하여 비판적 포스트휴머니즘이라 부르는 흐름에 속한 학자들은 첨단기술의 발전을 통해 인간에 대한 새로운 이해가 가능해진다고 주장한다. 이들은 지금까지의 역사에서 주도적인 영향을 발휘해 온 서구, 남성, 인간 중심의 인간관이 기술발전을 통해 전복될 것을 기대한다. 첨단기술로 생긴 가능성과 그에 따른 새로운 인간 이해는 기존의 구별 짓기를 통해 일어났던 억압, 착취, 혐오 등을 극복하는 계기가 될 것이다. 이런 견해는 트랜스휴머니즘의 기대와는 전혀 다른 방향을 취하고 있지만, 인공지능을 비롯한 첨단기술의 발전과 그 문제 해결 능력 자체에 대해서는 이견이 없다. 이들 역시 기술의 발전은 받아들일 수 있고 받아들여야 할 일로 여긴다.

(2) 첫 번째 반응에 대한 반론

산업혁명 이후 기술발전이 가져온 수많은 혜택을 이미 경험했기 때문에, 인공지능과 같은 새로운 가능성에 대해 긍정적인 반응을 하게 되는 것은 일면 자연스럽다. 그럼에도 불구하고, 인공지능이 해결할 문제에만 초점을 맞추고 초래할 다른 문제에 눈 감는 것은 균형 잡힌 태도라 할 수 없다. 우선 앞서 언급한 것처럼 인공지능으로 인한 실업의 확대는 상당히 현실적인 문제라는 점에 주목해야 한다. 그동안에도 노동의 기계화, 자동화를 통해 많은 일자리가 없어졌으나 그것을 대체할 일자리가 생겼던 것은 사실이다. 그러나 과거의 경험을 인공지능의 경우와 동일선상에 놓는 것은 여러 가지 난점이 있다.

그 중 하나는 인공지능을 도입한 자동화가 이전과는 다른 차원에서 이루어진다는 점이다. 과거의 기계가 사람이 하던 특정한 반복 작업 한 두 개를 대체했다면, 인공지능을 탑재한 로봇은 학습을 통해 다양한 작업을 대체할 수 있는 잠재력이 있다. 그래서 과거에 비해 규모가 작은 작업장에서도 자동화가 가능해진다. 나아가 과거의 자동화는 반복된 행위나 단순 계산의 영역에 국한되었다면 인공지능은 상당히 복잡한 판단 과정을 대체할 수 있다. 예를 들어 인공지능을 이용한 번역 소프트웨어는 상당히 어려움 문장까지 번역할 수 있는 수준에 이르러 있다.

다른 고려점은 실업의 문제가 해결된다 하더라도 장기간에 걸쳐 일어날 공산이 크고, 없어진 직업이 다른 직업으로 대체되기전 전환기가 얼마나 지속될지 알 수 없다는 것이다. 앞서 언급한 트럭 운전사의 경우, 직업을 잃은 뒤 다른 직업을 찾을 때까지 시간이 걸릴 것인데, 한꺼번에 많은 수가 직업을 잃게 된다면 그 시간은 길어질 수밖에 없다. 과거에 새로운 기술로 인한 실업 문제가 다른 직업의 등장으로 해결되었다고 말할 때, 그 기간이 얼마나 걸렸는지는 고려하지 않는 경우가 많다. 이는 역사를 되짚는 사후적인 평가일 뿐이고, 직업을 잃는 사람은 그 순간부터 고통을 겪게 된다. 따라서 앞으로 일어날 일을 예측하고 준비할 때 과거에도 해결이 되었으니 앞으로도 그럴 것이라 생각하는 것은 무책임한 일이다. 사실 해결이 되었다기보다 누군가의 희생이 알려지지 않았다고 하는 것이 더 정확할 것이다. 나아가 인공지능 때문에 없어질 것이라 예측되는 직업은 많은 반면, 그것이 다양한 영역에서 널리 사용되는 상황에서 새로 생겨날 직업이 무엇일지 예측하기가 어렵다. 미국 정부와 EU가 인공지능으로 인해 실업이 야기될 것을 예상하는 보고서를 냈지만, 그 직업을 대체할 새로운 직종에 대해서는 구체적인 언급을 하지 못했다.

더 큰 문제는 그렇게 새로 생기는 직업이 기존보다 더 양질의 일자리가 될 가능성이 매우 적어 보인다는 것이다. 인공지능을 만들거나 운용하는 사람이 이전보다 더 많이 필요하겠지만, 그 수는 매우 한정적일 것이다. 그런 좋은 직업보다는 오히려 빅데이터를 정리하여 인공지능에 투입하기 좋게 만드는 상대적으로 단순한 작업을 사람이 하게 될 공산이 더 크다. 이미 이미지에 라벨을 붙이거나 스캔한 문서에서 오타를 찾아내는 단순 작업을 하는 직종이 새로 생겨서 많은 사람이 일하고 있다.

새로운 인류의 출현을 기대하는 입장 또한 이런저런 비판에서 자유롭지 않다. 우선 트랜스휴머니즘이 그리는 장밋빛 미래는 현재의 사회, 경제, 정치적인 현실 속에서 기술이 발전하고 있다는 사실을 도외시하고 있다. 기술은 진공상태가 아닌 기존 질서의 틀 안에서 개발된다. 따라서 트랜스휴먼과 같은 새로운 존재가 등장할 때까지는 기술발전뿐 아니라 새로운 존재에 맞는 환경을 만들기 위한 다른 변화가 함께 일어나야 한다. 그 변화는 기존의 기득권을 위협할 것이기 때문에 여러 가지 저항에 부딪히게 될 것이다. 트랜스휴먼에 대한 기대는 오롯이 기술발전의 속도와 정도에만 기대고 있으나 그런 전면적인 변화가 일어나려면 상당한 시간이 걸릴 것이다.

이에 더하여 기존 인간의 한계를 뛰어넘는 트랜스휴먼 자체에 대한 거부감도 상당하다는 점을 고려할 필요가 있다. 물론 역사적으로도 기술의 급진적인 진보와 새로운 가능성을 거부하는 경우가 없지 않았다. 그러나 과연 트랜스휴머니즘의 제안과 그에 대한 반응을 과거에 반복되어 온 기술발전 과정의 일반적인 경험의 하나로 취급할 수 있을지는 의문이다. 인류의 문명의 가장 근본적인 동력 중 하나인 죽음을 극복하겠다는 목표는 얼핏 환상적으로 들리지만 조금만 생각해 보면 그렇게 해서 얻어지는 죽음 없는 삶이 도대체 왜 바람직한지 묻게 된다.

비판적 포스트휴머니즘 역시 기술 낙관론 혹은 기술 결정론의 혐의를 벗어나기 힘들다. 기술의 발전이 이런저런 사고의 전환을 가져오는 것은 맞지만, 그것이 반드시 기존의 틀을 긍정적으로 극복하는 방향으로 나아갈 것인지에 대한 보장은 없다. 기술의 발전 방향이 어디를 향해야 하고, 그 방향을 발전적으로 견인하기 위해 어떤 노력이 필요한지에 대한 숙고가 필요한데, 지금까지 판단의 기준이 되어 왔던 기본 개념을 새롭게 정의해야 하는 상황에서 그런 숙고가 쉽게 이루어지기 어렵다. 게다가 비판적 포스트휴머니즘은 기술의 발전이 현재의 방향대로 계속되는 것을 전제로 하고 그 효과가 초래할 변화에 집중하는 경향이 있다. 인공지능이나 첨단기술이 추구하는 기존의 문제와 그 해결을 그대로 받아들이고 있는 셈이다.

(3) 두 번째 반응 : 인공지능의 문제 풀이 능력은 과장되었다

인공지능으로 인해 실업이 일어나거나 인간을 능가하는 인공지능이 출현할 것이라는 우려에 대한 두 번째 대답은 인공지능 연구 개발에 참여하는 공학자들에게서 주로 나온다. 그들은 인공지능이 인류의 삶을 바꿀 것이라는 데 동의하면서도 그 변화를 과대평가해서는 안 된다고 주장한다. 인공지능은 그 급격한 발전에도 불구하고 여러 가지 한계를 노정하고 있으므로 지나친 우려에 빠질 필요는 없다는 것이다. 특히 인간처럼 자의식을 가지고 인간보다 더 우월한 종합적 인지와 판단 능력을 가진 인공지능이 가까운 미래에 나타날 가능성에 대해서 회의적이다. 흥미로운 것은 이들 중 다수가 인공지능이 언젠가는 인간과 비슷하거나 인간을 초월하는 정도로 발전할 것이라는 예측에는 동의한다는 점이다. 그러니까 이들 공학자의 견해는 인공지능이 먼 미래에 상당할 정도로 발전하게 될 것은 사실이나 그 발전의 속도가 대중이 생각하는 만큼 빠르거나 쉽지 않으니 지금 공연한 걱정을 할 필요는 없다는 정도로 정리할 수 있겠다.

이런 견해는 개발 최일선에 있는 사람의 판단이기 때문에 일차적으로는 신뢰할 만하다. 그러나 동시에 그 이면에서 작동하고 있는 두 가지 요인을 고려할 필요가 있다. 하나는 인공지능 개발에 관여하는 이들의 의식적, 무의식적 사고의 구조다. 즉, 이런 주장의 이면에는 현재 활발하게 이루어지고 있는 인공지능의 개발이 대중의 근거없는 우려 때문에 방해받아서는 안 된다는 암묵적 합의가 작동한다. 인공지능의 해답 제시 능력이 과장되었으며 임박한 위험은 없다는 점을 강조해야 작금의 인공지능 연구 개발에 이런저런 간섭이나 복잡한 제도적 장치가 유입되지 않는다는 것이다.

다른 한편으로는 다수 공학자 그룹과 업계의 리더들 사이에 인공지능 개발을 선도하기 위한 일종의 역할 분담을 생각해 볼 수 있다. 일반 개발자들이 인간 수준의 인공지능 개발을 걱정하는 것이 기우라고 주장하는 반면, 일론 머스크Elon Musk나 데미스 하사비스Demis Hassabis와 같이 관련 분야에서 상당한 영향력을 가진 리더는 인공지능이 궁극적 가능성을 부정하지 않을 뿐 아니라 자주 언급한다. 그들 중 일부는 이런 가능성을 가정한 윤리적인 접근이 필요함을 역설하기도 한다. 이는 두 가지 효과를 가지는데, 한 편으로는 인공지능의 가능성이 무한하다는 것을 확인하고 다른 한 편으로는 문제가 생기더라도 윤리적 고민을 통해 해결할 수 있다는 인상을 주는 것이다.

(4) 두 번째 반응에 대한 반론

인공지능의 능력이 일반인들이 생각하는 것만큼 대단하지 않다는 전문가들의 주장은 귀담아 들을 필요가 있는 중요한 견해다.

그러나 이런 접근은 이미 사용가능하게 된 인공지능의 문제 해결 능력이 야기하는 여러 이슈를 덮어버린다는 점에서 일정한 한계가 있다. 이 두 번째 반응은 앞서 제시한 인공지능에 대한 두 가지 우려 중 실업의 문제에 대해서 침묵하고 있다. 그러나 설사 인공지능이 가까운 미래 안에 인간과 같은 수준의 자의식이나 창의력을 가지지 못하거나 그럴 가능성이 매주 낮다고 해서 인공지능의 해답 제시 능력을 과소평가할 수 있는 것은 아니다. 오늘날 이미 사용하고 있는 인공지능은 자의식이나 창의력이 없고 그 기능들이 인간의 의식 활동 중 특정한 부분만을 모방하는 정도에 불과하지만, 그동안 인간이 전담하던 여러 영역에서 역할의 주도권을 위협하기에 충분하다.

가장 비근한 예로 번역 프로그램을 들 수 있다. 번역 프로그램으로 문학 고전의 문장을 번역하는 것은 불가능하다. 그러나 전달하려는 바가 명확하게 기술된 문장의 경우 사람보다 훨씬 더 효율적으로 번역을 할 수 있다. 또 사람이 번역 프로그램을 일부 이용하여 번역을 수행하면 질적으로 우수한 번역을 빠른 시간 안에 수행할 수 있다. 번역 프로그램이 완벽에 이르지 않았고, 창의력을 가졌다고 할 수는 없겠으나 현재의 수준으로도 여러 영역에서의 기본적인 업무를 담당할 만한 정도에 이르렀다. 더구나 데이터가 축적되면서 번역의 질은 더 좋아지고 있으므로 번역 수요 중 상당

부분을 대체하게 될 공산이 크다. 이렇게 인공지능이 육체노동이나 기억, 계산의 차원을 넘어 판단과 배움의 능력을 어느 정도 갖추게 되었을 때 일어날 수 있는 변화는 엄청나다.

이렇듯, 인공지능이 스스로 인간처럼 생각하고 자의식마저 가지게 되는 소위 '강인공지능'의 수준에 이르지 못하더라도 그 사용의 여부와 여파를 주의깊게 고민해야 할 이유는 충분하다. 인공지능을 이용한 자동살상무기는 이러한 경각심을 일으키기에 충분한 사례다. 전장에서의 자동살상무기는 훨씬 더 복잡한 경우지만, 국지적인 도발이 예상되는 국경지대에 자동살상무기를 배치한다면 사람보다 적은 수준의 오류로 적과 아군, 친입자와 귀순자를 가려낼 가능성이 크다. 지금까지는 실전에 자동살상무기가 배치된 것은 알려져 있지 않고 이런 무기가 사용되는 것에 대한 전 세계적인 반발이 있지만, 기술적으로는 그리 어려울 것 같지 않다. 이런 기술이 사용된다면, 자의식이나 창의력, 도덕성을 갖추지 않은 기계가 인간이 책임을 지고 해야 할 중대한 일을 대행하는 셈이 된다.

인공지능의 문제 풀이 능력을 높이 보지 않는 입장은 처음에 살펴본 입장과는 반대인 것처럼 보인다. 그러나 자세히 뜯어 보면, 현재의 인공지능 개발 상황을 그대로 수긍하되, 다소 단기적 관점에서 그 상황과 과정을 파악한 결과임을 알 수 있다.

(5) 세 번째 반응 : 인공지능은 답할 수 없다

인공지능의 발전을 통해 인간을 능가하리라는 우려나 기대에 대해 전혀 다른 방식으로 접근하는 경우도 있다. 바로 인공지능이 아무리 발전해도 인간에 미치지 못할 것이라는 견해다. 이런 생각을 구체적으로 펼치고 설명하는 사람들도 있지만, 이는 사실 보통 사람들이 믿거나 믿고 싶어하는 입장이기도 하다. 이 주장에 따르면 인공지능이 겉으로 볼 때 사람과 비슷한 생각을 하는 것처럼 보여도 실상 인공지능이 진정한 의미에서 무엇을 안다거나 판단한다고 볼 수 없다. 유명한 존 설John Searle의 '중국어 방 논변'이 이런 입장의 대표적인 예다. 방 안에 중국어를 전혀 모르지만 좋은 사전을 가진 사람이 있고, 방 밖에 있는 사람과 중국어로 쪽지 필담을 나누는 장면을 생각해 보자. 방 밖에 있는 사람이 쪽지로 무엇인가 적어 방 안으로 전달하면 방 안에 있는 사람은 자신이 가진 사전으로 그 말을 해석하고 다시 중국어로 답을 써서 보낸다. 이 경우 방 밖에 있는 사람은 방 안에 있는 사람이 중국어를 안다고 생각하겠지만, 실은 그렇지 않다. 이 논변은 설사 인공지능이 사람의 대답과 구별할 수 없는 좋은 대답을 제시해서 튜링 테스트[5]를 통과한다 하더라도 진정한 의미에서의 '앎'을 구현하는 것이

5　인공지능의 아버지라 불리는 앨런 튜링은 "기계가 생각할 수 있는가?"라는 질문을 던

아님을 보여준다.

인공지능이 진정한 의미에서 사람과 동일할 수 없다는 생각은
자의식을 인공지능으로 구현하기 어려울 뿐 아니라, 인공지능이
창의성이나 도덕성을 발휘할 수도 없다는 주장에서 더욱 강하게
제기된다. 故 이어령 선생은 인공지능이 아무리 발전하더라도 인
간의 창의성과 도덕성을 구현할 수는 없기 때문에 인공지능의 발
전으로 인간이 위축되는 것을 걱정할 필요가 없다고 주장했다. 인
공지능이 해결할 수 있는 문제에는 뚜렷한 한계가 있다는 것이다.
이같은 견해는 인공지능으로 인한 실업의 문제에 대해서도 너무
걱정하지 않는다. 인간은 그의 창의성 때문에 어떤 난관이 와도
새로운 돌파구를 찾아낼 수 있을 것이기 때문이다.

(6) 세 번째 반응에 대한 반론

인간의 우위를 강력하게 주장하는 이런 논변 역시 일정한 호소
력과 설득력을 가진다. 그러나 비판적 포스트휴먼 학자들이 주장

지고, 이를 다시 "기계가 우리가 할 수 있는 것을 할 수 있는가?"로 바꾸어 보자고 제안
한다. 그는 서로 분리된 방에 기계와 사람이 각각 들어가서 외부에 있는 사람과 글로
대화를 할 때, 외부에 있는 사람이 누가 기계이고 사람인지를 구분하지 못하면 그 기
계는 우리가 할 수 있는 것을 할 수 있는 존재로 보아야 한다고 주장한다. 이를 '튜링 테
스트'라 부르고, 인공지능의 완성을 가늠하는 기준으로 삼곤 한다.

하는 것처럼, 인공지능의 '앎', '지능', '문제풀이', '창의성' 등은 결국 모두 기존의 개념을 어떻게 다시 이해할까의 문제로 환원할 수 있다. 나아가 인공지능이 구현하게 된 여러 가지 가능성 때문에 지금까지 인간에게만 속해 있는 것으로 간주했던 여러 가지 능력에 대한 정의를 다시 내리게 되었다는 주장도 가능하다. 예를 들어 알파고 프로그램에 기존의 기보를 학습시키고, 그 결과로 실제 대국에서 이전에는 아무도 시도하지 않았던 새로운 수를 통해 바둑을 이긴 경우, "알파고가 창의적"이라고 말하지 말아야 할 이유가 무엇인가?

또 어떤 이들은 사람의 '마음'이 과연 무엇인지에 대해서도 다시 물을 것이다. 철학에서는 소위 다른 사람의 마음 문제problem of other minds가 오랫동안 논의되었는데, 이는 우리가 다른 사람의 행동을 볼 뿐 마음을 볼 수 없는 상황에서, 과연 다른 사람이 마음이 있는 것처럼 행동하는 존재가 아니라 마음을 가진 존재임을 어떻게 아느냐는 물음에서 비롯된다. 만약 다른 사람의 마음을 알 방법이 언제나 간접적인 방법을 통해서라면, 인공지능에게는 마음이 없다는 말을 쉽게 하지 못하게 된다. 인공지능 프로그램과 대화를 하면서 사랑에 빠지는 사람의 이야기를 그린 영화 〈그녀her〉가 이를 잘 보여준다. 주인공은 자기가 상대하는 것이 인공지능 프로그램이라는 것을 알면서도 대화에 빠지고 감정을 느낀다. 주인공의 직업이 편지 쓰기 대행이라는 점도 흥미롭다. 사적인 편지는 인공지능이 써 줄 수 없기 때문에 사람을 고용한 것인데, 그 사람의 마음을 훔치는 인공지능이 등장한 것이다. 그런 인공지능에게 마음이 없다고 하는 것이 과연 정당한가?

이처럼 우리가 당연하게 사용해 온 기본적인 개념을 흔들며 인간과 기계의 차이를 부정하는 듯한 주장의 뿌리에는 인간의 지능이나 마음이 결국 물질로 환원될 수 있다는 생각이 있다. 이는 손쉽게 받아들이기도, 그렇다고 무작정 부정하기도 어려운 근본적인 주장일 뿐 아니라, 엄청난 철학적 함의를 가진다. 인간이 지금까지 쌓아온 도덕과 삶의 체계를 비롯한 문화 전반이 인간의 특별함과 구별됨을 전제로 해서 만들어졌는데, 그것을 기초부터 흔드는 일이기 때문이다. 유물론과 환원주의가 이미 큰 영향력을 가진 사상이기는 하지만, 인공지능을 비롯한 첨단기술의 눈부신 발전은 이 흐름에 구체적이고 실질적인 무게를 싣는다.

도덕성이나 창의성 때문에 기술에 불과한 인공지능이 사람을 능가할 수 없다는 주장은, 도덕적이고 창의적인 사람이 그리 많지 않다는 데서 또 다른 도전을 받는다. 만약 인간의 우월함이 도덕성과 창의성에 있다면, 도덕적이거나 창의적이지 않은 사람은 인간에 속하지 못하는가? 그런 덕성과 능력이 부족한 사람이 이룰 수 있는 일이 인공지능이 성취하는 것보다 더 미약하다면, 굳이 인간은 창의적이고 도덕적이어서 우월하고 인공지능은 그렇지 못해서 열등하다 해야 할 근거는 무엇인가?

4) 문제를 잘 푸는 인공지능의 문제

인공지능의 문제 해결 능력, 그리고 그 능력 때문에 생겨난 우려에 대한 반응에서 시작한 여러 논란은 오늘날 우리 사회에서 회자되는 내용 중 상당 부분을 포함한다. 흥미로운 것은 언급한 인공지능에 대한 세 가지 반응은 서로 다른 이야기를 하면서도 궁극적으로는 모두 현재의 인공지능 관련 개발과 연구, 투자가 그대로 계속되어도 무방하다는 생각과 맞물려 있다는 점이다. 그러니까 첫 번째 반응과 달리 두 번째와 세 번째 반응은 인공지능의 문제 풀이 능력에 일정한 한계가 있음을 지적하고 있지만, 결국 이 기술의 개발 자체에 대해서는 긍정한다. 반면 그 세 가지 반응에 대해 각각 제기된 반론은 인공지능의 개발 노력에 발전 흐름에 일정한 제약이 필요하다는 입장을 취한다.

그런데 이런 논의는 인공지능 개발의 지속 여부나 그 정당성에 대한 찬반의 근거는 될 수는 있지만 바람직한 방향성을 제시하는 데에는 도움이 되지 못한다. 인공지능이 문제 풀이를 잘 한다는 것에는 일차적으로 모두 동의하면서 그 사실이 어떤 의미를 가지는지에 대해 견해를 달리하는 것이기 때문에 별다른 합의의 계기를 찾기도 힘들다. 따라서 좀 더 현실적으로 인공지능기술의 현재와 미래를 해석하고 대안을 마련하기 위해서는 인공지능의 문제 풀이 능력을 조금 다른 각도에서 바라보는 시도가 필요하다.

2. 물음을 던지는 인간

1) 물음과 문제 풀이

지금까지 살펴본 것처럼 오늘날 인공지능에 대한 논의의 대다수는 이 기술이 이미 보여주었거나 보여줄 것으로 기대되는 놀라운 문제 해결의 능력에 주목한다. 그런데 인공지능이 해결하거나 해결할 것으로 기대되는 문제들의 출처에 대해서는 관심을 기울이지 않는다. 마치 해결해야 할 문제가 무엇인지가 자명해서 모두가 알고 있는 것처럼 말이다. 물론 많은 기술이 인간이 직면하는 자명한 문제를 해결하기 위해 개발되지만, 인공지능처럼 다양한 적용이 가능한 기술에 있어서는 상황이 다르다. 따라서 그 문제를 정의하고 제기하는 것이 바로 사람이라는 단순한 사실에 좀 더 천

착할 필요가 있다. 문제를 내고 물음을 던지는 인간으로부터 인공지능의 문제를 접근하면, 전혀 다른 방식의 논의가 시작된다.

인공지능은 모든 기술이 그러하듯이 문제를 만들기 위해서가 아니라 문제를 해결하기 위한 방안으로 고안된 기술이다. 다른 기술의 경우처럼 직접적으로 주어지거나 정형화된 작업이 아니라 목표만 주어지고 그때그때 판단이 필요한 작업을 한다는 점에서 특별하지만, 여전히 스스로 문제를 만들어 내는 것은 아니다. 알파고처럼 기존에 없던 새로운 답을 제시하는 경우에도 주어진 규칙과 이미 답으로서 제시된 데이터를 많이 모아 학습한 결과일 뿐이다. 이런저런 문제를 많이 모아 학습을 시킨다고 해서 인공지능이 독창적인 새로운 물음을 던질 수 있는 것은 아니다. 인공지능은 묻지 않고, 사람이 묻는다. 이 때 '물음'은 단순히 풀이를 요구하는 문제뿐 아니라 인생의 목적과 윤리적 타당성을 묻는 상위의 물음을 포괄한다.

이 물음의 능력을 인공지능과 인간을 가르는 기준으로 볼 수 있다. 인공지능의 미래에 대한 기대와 우려는 현재 컴퓨터나 인공지능이 발휘하는 기억, 배움, 판단 능력의 성취에 기대고 있다. 현재 발전의 속도가 계속된다면 인공지능이 인간의 능력을 능가하게 될 것이라 판단하는 것이다. 그런데 이 능력은 여전히 모두 문제 풀이의 영역에 속한다. 문제 풀이의 문제는 물음에 속하지만,

모든 물음을 문제 풀이로 환원할 수는 없다.

사람과 인공지능의 차이를 물음과 문제 풀이의 차원에서 보면 새로운 통찰을 얻을 수 있다. 모든 기술은 인간의 물음을 전제하고 인공지능은 그 물음에 가장 답을 잘 하는 기계이다. 그러나 답을 아무리 잘한다 해도 물음을 던지게 되지는 않는다. 따라서 지금 우리가 알고 있는 빅데이터 기반의 인공지능이 인간을 능가하게 될 가능성은 없다. 문제의 데이터를 많이 모으면 같은 유형의 문제가 나올 수 있겠지만, 그 문제는 여기서 말하는 인간의 물음과 다르다.

앞서 창의성과 독창성을 인공지능과 구별되는 인간의 특성으로 삼은 입장에 대해서 살펴보았는데, 그 약점 중에 하나로 창의성과 독창성을 갖추지 못한 사람이 많다는 점을 꼽았다. 그런데 이와 달리 물음을 던지는 능력은 거의 모든 사람에게 있다. "내 인생의 목표는 무엇인가?", "나는 왜 사는가?" 아니면 "내가 지금 여기서 무엇을 하고 있는가?" 같은 물음은 개인의 특별한 사유 능력이나 배움의 정도와 무관하게 많은 사람들이 던지고 스스로를 돌아보는 계기로 삼는다. 때로는 그런 물음이 본인의 의지와 상관없이 우리에게 오기도 한다. 그래서 이 능력은 인간에게 보편적으로 있으면서 인공지능에게는 없는 중요한 요소로 꼽기에 적당하다.

물음에 초점을 맞추어 인공지능과 인간의 차이를 볼 때 얻게 되는 또 다른 통찰은 우리 논의의 초점이 인공지능에서 사람에게로 옮겨간다는 점이다. 인공지능기술이 과연 긍정적인 결과를 가져올 것인지 그렇지 않은지, 혹은 어느 수준까지 좋은 해답을 제공할 수 있을지에 대한 논의는 부차적인 것이 된다. 오히려 인간이 어떤 물음을 왜 묻고, 또 물음에 답하기 위해 만든 인공지능에게 위협을 느끼는지를 성찰하게 된다.

2) 문제풀이와 정답에 집착하는 이유

현대기술의 발전은 인류가 가지고 있던 크고 작은 문제의 해결을 의미한다. 그러니까 인공지능뿐 아니라 모든 기술이 특정한 문제를 해결하는 답으로서 기능한 것이다. 근대에 접어들면서 급격하게 기술이 발전한 것은 근대인이 문제 풀이의 매력에 매료된 것과 궤를 같이한다. 지식이 명시적으로 확장되고 기술을 개발했을 때 확실한 대가로서 문제가 해결되었다. 근대인은 그것을 통해 큰 성취감을 느꼈고 나아가 모든 문제를 해결할 수 있다는 태도를 가지게 된다. 이런 근대적 사고를 '정답 신화'라고 부를 수 있다. 정답 신화는 "모든 문제에는 답이 있고, 그 답은 언젠가 찾을 수 있으며 답이 없는 문제는 처음부터 문제가 아니다"로 요약된다. 이 때

'문제'의 개념을 조금만 확장해도 이 명제가 신화인 이유를 금방 알 수 있다. 앞서 말한 인생에 대한 반성적 물음은 묻는 사람마다 서로 다른 대답을 할 것인데, 그 경우에 "답이 있다"고 말할 수는 없기 때문이다.

그런데 기술사회에서는 정답 신화가 퍼지면서 기술의 영역에 서뿐 아니라 모든 일과 상황을 문제풀이의 패러다임으로 보곤 한다. 이런 경향이 가장 노골적으로 드러나는 곳이 바로 교육의 영역이다. 특히 우리나라에서는 대학 입시에 너무 많은 에너지를 쏟는 나머지 좋은 물음보다 문제 풀이 능력, 좀 더 적나라하게 말하자면 정답 맞추기 능력에 초점을 맞추는 경우가 많다. 이런 교육 방식을 반드시 부정적으로만 볼 필요는 없지만, 이 과정에서 형성되는 기능적인 분위기가 사회 전반으로 퍼지는 것은 문제다. 다시 말해, 목표가 해결해야 할 문제로 주어졌을 때 열심히 노력해서 정답을 맞추고 그것을 해결하는 열정과 능력만 높이 평가되는 것이다. 정작 목표의 설정은 단기간에 소수에 의해 이루어지며, 이때 그 목표의 정당성과 타당성에 대한 평가는 충분히 이루어지지 않는다. 정부나 기업, 대학의 중요한 정책이 명망가의 한 두 마디나 국제 회의에서 언급된 몇 마디 키워드 중심의 목표로 설정되는 것이 대표적인 사례이다.

정답 맞추기에 집중하면 그 과정의 정당성은 중요하지 않게 되고 그 과정에 속하는 사람들은 도구화, 기능화된다. 이미 찰리 채플린의 영화 〈모던타임즈〉에서 표현된 것처럼, 개별 인간의 거대한 기계의 부품으로 전락하게 되는 것이다. 인공지능의 발전을 논하면서 기계와 인간을 비교하거나 대립시키는 이면에는 인간도 기계와 마찬가지로 답을 제시하는 존재라는 전제가 깔려 있는 셈이다. 이 구도 속에서는 인공지능이 인간보다 더 효율적이라는 사실에만 집중할 수밖에 없게 된다. 인공지능의 발전을 통해 현실화되는 정답 신화에서 인간은 주인공일 수 없다. 물음을 제기하는 인간만의 역할이 더 이상 별로 중요하지 않게 되니 말이다.

3) 정답으로부터의 해방

사람이 정답을 제출하는 존재이기 이전에 물음을 던지는 존재라는 사실에 주목하면, 인공지능의 발달에 면하여 우리가 두려워해야 할 것은 인공지능이 사람을 닮아가는 것이 아니다. 오히려 사람이 인공지능을 닮아 기능적인 역할에 자신의 존재를 국한하고 더 이상 묻지 않게 되는 것이 더 문제다. 인공지능이 위협으로 느껴지는 것은 인공지능의 문제 풀이 능력이 점점 좋아져서가 아니라, 인간이 스스로의 역할을 문제 풀이로 축소하기 때문이다. 그 결과 인공지능과 사람이 문제 풀이의 경쟁상대가 되고, 그 결과가 인공지능의 승리가 될 것이 자명하니 위협이 된다. 인공지능이 인간을 능가하면 어떻게 하느냐는 말 역시 이미 물음이 아닌 답을 기준으로 하는 평가를 전제하고 있다.

정답 신화가 지배하는 사회에서 개인이 스스로 문제를 정하고 목표를 세울 수 있는 여지가 점점 줄어든다. 이는 물음을 던지며 인간답게 사는 사람이 줄어든다는 뜻이다. 이런 세상에서는 사람이 지향해야 할 덕목과 능력이 모두 방법론으로 환원된다. 그리하여 심지어 창의성과 도덕성을 함양하기 위한 방법론과 커리큘럼까지 만들어진다. 사람이 투입과 산출로 작동하는 기계 취급을 받게 되는 것이다.

이는 인간됨에 대한 철학적 문제뿐 아니라 현실적인 정치적인 불평등으로도 이어진다. 누군가는 어젠다를 정하고 누군가는 그것을 성취하기 위해 도구적으로 일한다. 누군가는 기술을 개발하고 다른 누구는 그 기술에 맞추어 일한다. '기술이 지배하는 세상'은 기실 '기술을 가진 어떤 인간이 나머지를 지배하는 세상'이다. 이렇게 본다면 기술과 인간의 대립이나 공존보다 인간과 인간의 대립과 공존을 논해야 한다.

물음을 회복하고, 인간이 묻는 존재라는 것을 강조하는 것을 통해 정답 신화에서 해방될 수 있다. 물음을 강조하면 우리의 시선은 인공지능이 아닌 사람을 향하게 된다. 인공지능 자체보다 물음을 통해 인공지능을 개발하고 운용하는 사람들이 더 중요해지고, 인공지능 사용의 결과에 영향을 받는 사람들에 대해 묻게 된다. 인공지능이 어떻게 인간의 삶을 바꿀지가 아니라, 인공지능을 누가 어떻게 개발하고 운용하고 관리하고 제어해야 하는지, 어떻게 해야 인간의 삶을 더 풍요롭게 할 수 있는지가 논의의 대상으로 떠오르는 것이다. 이처럼 정답 신화로부터의 해방은 철학적, 이론적 과제일 뿐 아니라 현실적, 정치적 과제이다.

혹자는 앞서 살펴본 인공지능의 문제 풀이 능력에 대한 논의 역시 결국 사람을 위한 것이 아니냐고 물을지 모르겠다. 물론 그러하다. 인공지능이 발전하니 어떻게 대처할 것인지를 묻는 것과 인공지능을 어떤 방향으로 발전시킬 것인가를 묻는 것은 모두 사람을 위한 것이다. 그러나 그 두 접근은 기본적인 기조를 달리한다. 작금의 여러 논의는 인공지능의 발전 방향과 속도를 아무도 제어할 수 없는 날씨 같은 현상으로 전제하고 있다. 내일 비가 올 것 같으면 우산을 준비하듯이 기술의 발전을 어차피 다가올 미래로 상정하는 것이다. 사람을 위하기는 하지만 이렇게 수동적인 접근은 기존의 흐름을 바꿀 수 없다는 뚜렷한 한계가 있다. 정작 필요한 논의는 인공지능과 사람이 구별되는 지점에서 시작되어야 한다. 인공지능의 발전을 기정 사실로 전제하지 말고, 그 발전 자체에 대해 물어야 한다. 미래의 기술발전을 비가 오는 것처럼 막을 수 없는 것으로 보지 말고 기획의 대상으로 삼아야 한다. 기술발전의 현실을 정답을 제출해야 하는 상황으로 보는 습관으로부터 스스로를 해방시키려는 의도적인 노력이 필요하다.

3. 인공지능에 대한 물음

그렇다면 인공지능에 대해 무엇을 물어야 할 것인가? 인공지능의 바람직한 개발과 사용 방안에 대한 물음이 전혀 없는 것은 아니다. 그러나 숨 가쁜 글로벌 시장 경쟁 상황에서 이런 문제제기는 인공지능의 발전 방향을 적극적으로 논하는 수준에 이르지 못하고 학술적인 차원에 머물거나 기술 경쟁의 일환으로 치부되는 경우가 많다. 또 관련 논의를 정책에 반영하려 하면 혁신을 가로막는다며 무작정 '규제 철폐'를 외치는 기업이나 정치인의 방해가 있는 것도 사실이다. 그러나 앞서 이야기한 것처럼 인공지능은 인간의 삶에 근본적인 변화를 가져올 수 있는 중요한 기술이기 때문에 과거처럼 "할 수 있는 것은 모두 다 해 본다"는 태도를 견지하는 것은 지극히 위험하다. 설사 마지막에는 동일한 결론에 이른다 하더라도, 그 전까지 많은 물음을 던지고 고민할 필요가 있다.

이 절에서는 기술철학과 관련 분야에서 인공지능과 그 발전 과정에 대해 제기해 온 물음을 네 가지로 정리해 본다. 이미 다양한 계기를 통해 논의되고 있지만, '인공지능의 답하기와 인간의 묻기'라는 흐름으로 묶어내면 더 효과적으로 정리된다. 특히 그 물음이 인간의 주도권을 상징하는 것인 만큼, 일반적이고 수동적인 대응과 어떻게 다른지를 확인할 수 있다.

1) 인공지능의 개발과 관련한 물음

인공지능 개발의 과정에서 수많은 혁신이 일어나고 있다. 예를 들어 딥러닝 방식의 인공지능에서도 이전처럼 많은 데이터를 보유하지 못해도 좋은 성과를 낼 수 있는 방법이 속속 개발되고 있다. 이런 발전은 인공지능의 개발 속도를 높이고 적용 범위를 확장하는 데 큰 도움이 될 것이다. 그런데 이 과정에서 전문가와 대기업, 정부의 독점적 지위와 영향력이 점점 높아지게 된다. 그렇다면 이들이 어떤 과정과 절차를 통해 상품과 서비스를 개발할 것인지의 물음이 제기된다. 예를 들어 인공지능을 개발하는 과정에서 사용하는 데이터의 수집, 보관, 분석, 활용 등을 어떻게 관리할 것인지에 대한 원칙과 지침이 필요하다. 더 간단히 말하자면, 어떤 규제하에서 인공지능을 개발할 것인지의 문제이다. 이는 그 규제를 누가 어떻게 만들 것인지에 대한 추가적인 이슈로도 이어진다.

　이런 물음들의 일부는 구체적인 실현 방안으로 발전하였다. 우선 이런저런 윤리 가이드라인이 제시된 바 있다. 예를 들어 로마교황청은 2020년 IBM, 마이크로소프트 등 대기업과 함께 「인공지능 윤리에 대한 로마의 호소Rome Calls for AI Ethics」라는 문건을 발표하면서 AI의 개발이 윤리적으로 이루어져야 한다는 알고리즘의 윤리algorethics를 제안했다.[6] 여기에는 다음과 같은 여섯 가지 원칙이 제시되었다. 이 제안 중에서 책임성을 강조하고 인공지능 시스템의 작동에 초점을 맞춘 것은 인공지능 개발 주체에 상당한 윤리적 책임을 묻는 것이라 할 수 있다.

　　투명성Transparency : 인공지능 시스템은 원칙적으로 설명 가능해야 한다.

　　포괄성Inclusion : 모든 인간의 필요가 고려되어 모든 사람이 유익을 얻고 모든 개인이 자신을 표현하고 발전시킬 수 있는 최상의 조건을 제공 받아야 한다.

　　책임성Responsibility : 인공지능을 설계하고 사용하는 사람들은 책임성과 투명성을 담보해야 한다.

6　　전문은 다음 링크를 통해 볼 수 있다. https://url.kr/2zhwxi

공평성Impartiality : 치우친 입장을 가지고 창조하거나 행동하지 않아야 한

다. 그럼으로써 공평함과 인간의 존엄을 지킬 수 있다.

신뢰성Reliability : 인공지능 시스템은 믿을 수 있게 작동할 수 있어야 한다.

안전성과 사생활 보호 Security and Privacy : 인공지능 시스템은 안전하게 작동

해야 하고 사용자의 사생활을 존중해야 한다.

인공지능의 개발과 관련하여 구체적인 규제가 만들어진 경우
도 있다. EU는 2018년부터 GDPRGeneral Data Protection Regulation이라는
개인정보 보호 법령을 시행하고 있는데, 이 역시 인공지능 개발자
와 회사들에 상당한 책임을 부과하는 방식으로 작동한다. 이 법령
에 따르면 유럽에서 사업을 하고자 하는 기업들은 고객의 정보를
수집함에 있어 반드시 동의를 받아야 하고 소위 '잊혀질 권리'를
보장해야 한다. 또 기업 내 데이터 보안 담당자를 반드시 두고 개
인정보가 유출을 막기 위한 개인정보 영향평가를 해야 한다. 수집
한 데이터를 EU 바깥으로 이전하는 것도 여러 가지 조건을 갖추
어서 승인을 받아야만 가능하다.

혹자는 대규모 IT 기업들이 주로 미국에 있기 때문에 후발주자
인 EU가 자기 시장을 지키고 데이터 유출을 막기 위해 규제를 강
화하고 있는 것으로 본다. 물론 이런 해석에도 일리가 있고 일정
부분 사실일 것이다. 그럼에도 불구하고, GDPR은 인공지능과 빅

데이터 영역에서 어떻게 인권을 고려할 것인가에 대한 중요한 물음을 제기하고 논의를 확산시키는 좋은 계기가 되었다.

2) 인공지능의 사용과 관련한 물음

데이터를 제대로 관리하고 인공지능을 윤리적인 원칙에 따라 개발하는 것도 중요하지만 결국 문제는 이 기술을 어느 영역에서 어떻게 사용하는가이다. 이와 관련해서 인공지능의 사용과 관련해서 꾸준히 제기되고 있는 문제를 고려해 보아야 한다.

그중 하나가 인공지능의 편향에 대한 물음이다. 빅데이터와 딥러닝 기반의 인공지능은 기존의 데이터를 모아 학습을 하고 패턴을 찾기 때문에, 데이터의 질에 판단의 정확성이 좌우된다. 만약 데이터가 불완전하면 인공지능이 제시한 결과가 편향적일 수 있고, 데이터가 불완전한 것이 아닌 경우에도 기존의 편견을 그대로 답습할 수 있다. 딥러닝의 경우 투입된 데이터가 학습되는 과정과 결과를 도출하는 과정을 일일이 파악할 수 없기 때문에 결과가 과연 편향적인지를 판단하기도 쉽지 않다.

미국에서 범죄자들에게 보석을 허락할 것인지를 판단할 때 인공지능 프로그램을 통해 재범률을 계산해서 참고하는데, 흑인보다 백인에게 좀 더 유리한 결과가 도출된다 하여 문제가 제기된 적이 있다. 이는 미국에서 지금까지 흑인이 체포되고 처벌된 정보가 상대적으로 더 많기 때문에 데이터 편향이 일어난 결과이다. 비슷한 경우가 남성과 여성, 서구인과 동양인에 대한 데이터가 함께 모여 있을 때에도 일어난다. 의료 데이터의 경우 백인에 대한 데이터가 상대적으로 많아서 데이터를 종합적으로 분석하여 얻은 정보가 백인에게는 적절한 반면 유색인에게는 맞지 않는 문제가 생긴다. 이는 데이터의 수집뿐 아니라 분석 과정에서 기존의 편견이나 불평등을 감안한 여러 가지 해석과 고려가 개입되어야 함을 보여준다. 그런데 이는 다시 그런 해석의 과정에서 편견이 들어갈 수 있는 여지가 있다는 뜻도 된다.

설사 인공지능이 적절한 판단을 내려서 그 사용이 긍정적인 경우에도 문제가 있다. 인공지능이 제대로 잘 작동한다면, 해당 분야에서 인간의 인지나 판단능력은 현저하게 저하될 가능성이 크다. 그런 변화가 문자가 발명되면서 기억력이, 교통수단이 발전하면서 기본적인 체력이, 계산기를 사용하면서 계산능력이 떨어진 것과 무엇이 다르냐고 반문할 수도 있다. 그러나 인공지능은 앞서 말한 기술들에 비해 인간의 능력 중 훨씬 더 많은 부분을 포괄적으로 대체할 수 있는 기술이다. 따라서 너무 많은 결정과 판단을 인공지능에 맡김으로써 생길 수 있는 무기력과 무능의 문제를 무시할 수만은 없다.

인공지능의 사용 과정에서 고려해야 할 이런 문제는 궁극적으로 어떤 영역에서 인공지능이 사용되고 어떤 영역에서 사용되지 말아야 하는지의 물음으로 이어진다. 이는 다시 어떤 결정과 판단을 인간 고유의 것으로 보아 기계에 맡기지 않기로 할 것인지의 문제와도 연동된다. 사람의 일과 인공지능의 일을 구분하는 것이 결국 인간의 고유한 영역을 구분하는 기준이 되는 셈이다.

지난 몇 년 동안 전 세계에서 계속되고 있는 자동살상무기[7] 반대운동은 인공지능이 인명을 살상하는 판단에 동원되어서는 안된다고 주장하여 상당한 호응을 얻고 있다. 앞에서도 잠시 언급한 것처럼, 격렬한 교전 지역에서 사용할 수 있는 자동살상무기는 아니라도, 국경지역에서 적군과 아군, 귀순자를 식별하여 발포하는 무기는 개발하기 어렵지 않을 것이다. 나아가 사람이 경계를 서다 발포를 하는 경우와 비교했을 때 인공지능의 적군 식별 정확성이 더 높을 수도 있다. 그런데도 자동살상무기를 반대하는 이유는 개별 상황에서의 성공률이나 정확성이 높다 하더라도 중요한 판단을 무작정 기계에게 맡길 수는 없다고 보기 때문이다. 방금 살펴

---

[7] 자동살상무기란 인공지능이 살상 대상자를 식별하여 인간의 승인 없이 바로 사살하는 무기를 말한다. 이미 실전에서 사용되는 드론 폭격처럼 원격이지만 사람의 조종에 따라 적을 공격하는 무기는 자동살상무기가 아니다.

본 인공지능의 편향성이나 인간 판단 능력의 저하 같은 문제를 함께 고려하면 이런 주장이 단순히 감정적이라고만 보기 어렵다.

비슷한 논의가 의료나 법원 등 인간의 목숨이나 안녕에 직접적인 영향을 미치는 판단을 내리는 영역에서 이루어질 수 있다. 사람은 실수를 하면 그에 대한 책임을 지지만, 인공지능은 그 오류에 대해 책임을 질 수 있는 도덕적 주체가 아니라는 점이 주로 거론된다. 나아가 만약 오류가 일어났을 때 생겨날 엄청난 부작용에 대한 우려도 있는데, 이는 현대기술의 위험 논의와 맞닿아 있다.

이 문제가 간단치 않은 것은 사람이 실수가 많은 위험한 존재이기 때문이다. 인간이 무엇이며 책임이 무엇이며 생명의 존엄이 무엇인지에 대한 물음을 빼고 문제 풀이의 관점으로만 이런 일을 생각한다면 실수 가능성이 적은 인공지능을 선택하는 것이 당연한 결론일 것이다. 그러나 바로 그 물음이 우리로 하여금 미묘한 줄타기를 계속하게 만든다.

3) 인공지능의 관리에 대한 물음

인공지능의 사용과 관련하여 이루어지는 여러 논의는 인공지능을 누가 관리할 것인가의 문제와도 밀접하게 연결된다. 인공지능을 누가 운용하는가에 따라 그 사용영역의 결정이 달라질 수 있기 때문이다. 인공지능이 오용되었을 경우, 그 사실을 누가 확인하고 누구에게 어떻게 책임을 물을 것인지에 대한 여러 가지 제도적 장치가 필요하다. 기업이 인공지능을 이용한 서비스를 개발하여 제공하거나 개인이 그런 서비스를 이용할 때 정교한 규칙과 규제가 없다면 인공지능이 사회 구성원의 이익을 해치는 방향으로 사용될 가능성을 배제할 수 없다.

최근 엄청난 발전을 이루고 있는 안면 인식 프로그램은 인공지능을 누가 어느 영역에서 무슨 용도로 사용하는가에 따라 전혀 다른 결과를 초래할 수 있음을 보여주는 좋은 사례가 된다. 14억이 넘는 인구를 가진 중국에는 2023년 기준 7억여 대의 CCTV가 설치된 것으로 알려져 있는데, 거기서 생성되는 데이터를 경찰이 인공지능을 이용하여 관리한다고 한다. 그 외에도 여러 가지 종류의 안면 인식기술이 다양한 활동에 사용되고 있으며 그것이 중앙 집권적인 시스템과 연동되어 있다. 마음만 먹으면 국민의 일상을 국가가 확인하고 통제할 수 있는 상황이 만들어진 것이다. 실제로 종교적 문제로 중국 정부와 마찰을 빚고 있는 신장 위구르 지역에서는 요주의 인물이 자기 집에서 100미터 이상 떨어진 곳으로 이동하면 바로 연락이 간다는 말도 있다.

현대기술의 규모가 커지면서 단순히 기술을 사용하는 사람들과 그것을 개발하고 운용하는 사람들 사이에 힘의 불균등도 함께 커지게 마련이다. 인공지능의 경우 그 불균형의 확장 속도가 빠를 뿐 아니라 그 결과도 상당히 우려스럽다. 따라서 인공지능을 누가 무엇을 위해 어느 영역에서 어떻게 사용할 것인지를 묻고 그에 대한 사회적 합의를 이루는 것이 필요하다. 나아가 이런 합의는 한 나라 안에서가 아니라 전 세계적인 차원에서도 시도되어야 한다. 국경을 모르는 기술에 대해 한 국가 내의 합의가 가지는 의미가 크지 않기 때문이다. 이런 광범위한 협조가 쉬운 것은 물론 아니다. 그러나 과거 핵확산금지조약이나 탄소중립을 위한 국제적인 노력처럼 이 문제가 모든 나라의 공동 이익과 연관되어 있음을 인정하는 것에서 논의를 시작할 필요가 있다.

4) 인공지능과 미래에 관한 물음

문제 풀이의 수준을 넘어선 인공지능에 대한 모든 물음은 결국 바람직한 미래의 추구와 연동된다. 인공지능뿐 아니라 모든 첨단기술과 관련해서 반드시 물어야 할 물음은 "우리는 어떤 세상에서 살고 싶은가?"이다. 인류는 오랜 역사를 지내면서 언제나 이상향으로 삼을만한 좋은 세상에 대한 비전을 가지고 살아왔다. 이런 생각이 종교와 연결된 때도 있었고, 철학과 정치사상이 근간이 되기도 했다. 그런데 현대기술의 급격한 발전이 일어나면서 이런 생각들은 점차 힘을 잃어가고 있다. 기술의 진보가 세상의 모습을 상상을 초월할 정도로 빠르게 변화시키다 보니 원하는 것이 무엇인지 생각하기보다는 기술이 발전하는 것을 보아가며 그때그때 원하는 것을 정하는 식이 되어버렸다. 개별적인 기술 개발의 시도가 단기적이고 직접적인 목표를 이루는 방식으로 이루어지기 때문에 좀 더 큰 수준의 이상적 상태를 생각하지 않는 것이다.

그러나 여러 기술이 제시하는 새로운 가능성에 의해 사람의 바람이 바뀌는 것은 그리 바람직하지 못하다. 장기적이며 총체적인 수준에서 미래의 모습을 기획하고 그 기획에 부합하는 방식으로 기술발전을 추구해야 더 많은 사람에게 유익이 되는 발전을 경험할 수 있다. 앞서 살펴본 것처럼 인공지능이 엄청난 가능성을 실현해 가고 있는데도 막연한 불안감을 일으키고 실질적인 부작용을 걱정하는 현실은 주객이 전도된 상황이라 할 수밖에 없다.

기술을 개발할 때 그 기술이 좋은 사회에 어떻게 도움이 되는지를 확인하고 그 방향성을 정하는 것을 '목적이 이끄는 기술발전'이라 부르자고 제안한 적이 있다.

목적이 이끄는 기술발전이란 특정한 기술을 개발할 때 그것이 더 효율적이라는 이유가 아닌 그 결과가 '좋다'는 것을 우선한다는 의미이다. 이 입장에 따르면 기술적으로 가능한 것을 개발하기보다는, 우리가 목적하는 바를 이루기 위한 기술을 개발해야 한다. 이는 훨씬 더 크고 깊은 물음, 즉 우리가 원하는 인간과 사회의 모습은 무엇인지, '좋은 기술'의 '좋음'을 어떻게 규정할 것인지의 물음을 제기한다.[8]

인공지능을 개발하고 사용하는 것, 인공지능을 이용하여 이런 저런 서비스를 기획하는 것은 무엇을 목적으로 삼는가? 그것이 단순히 경제적 이익이나 효율성만을 위한 것이라면 단기적으로는 유익할지 모르나 장기적으로는 모두에게 해악이 될 수 있다. 따라서 그 이익과 효율이 궁극적으로 우리가 살고 싶은 '좋은 세상'에 어떻게 기여하는지를 설명할 수 있어야 한다. 물론 사람이 미래에 일어날 일을 모두 예측할 수 없으므로 아직 개발 단계에 있는 기술이 어떤 유익과 해악을 가져올 것인지를 미리 판단하기는 쉽지 않다. 그러나 그런 한계 때문에 미래에 대한 기획을 포기할 수는 없다. 인간의 삶은 미래가 운명처럼 닥쳐오면서 부과하는 여러 문제를 하나씩 풀어가는 과정으로 본다면, 인공지능을 비롯한 첨단

---

8   손화철, 『호모 파베르의 미래』, 아카넷, 271~272면

기술의 개발은 허무한 일이 되고 만다. 기술 개발은 단순히 눈앞에 있는 문제를 해결하는 것에 그치면 안된다. 자신이 원하고 인류에게 바람직한 삶이 무엇인지를 끊임없이 물으면서 미래를 만들어가는 일이어야 한다. 인간에게 지극히 자연스러운 이런 노력이 바로 인간을 인공지능으로부터 구별하는 중요한 특징이다.

4. 맺으며

물음을 던지는 존재로서 인간을 이해하고 그것을 기준으로 인간과 인공지능을 구별할 수 있다고 한다면, 이 글의 가장 적절한 제목은 '인공지능이 답하고, 사람이 묻다'가 되어야 할 것이다. 제목을 그렇게 바꾸지 않은 것은 그 물음이 아직까지 모두에 의해 제기되고 있지 않기 때문이다. 철학자뿐 아니라 기술을 만들고 사용하는 모든 사람이 기술에 대해 묻고 고민할 때 인공지능을 비롯한 첨단기술을 좀 더 건설적으로 사용할 수 있게 될 것이다.

인공지능에 대한 물음은 일차적으로 공학자에 의해 제기되어야 한다. 인공지능의 개발과 사용이 무엇을 위한 것인지에 대한 구체적인 아이디어를 다루는 것이 공학자와 개발자이기 때문이다. 각자의 프로젝트가 무엇이든, 그 성취와 연결되는 여러 가지

쓰임새가 무엇이며 어떤 함의를 가지는지를 생각할 수 있어야 한다. 그 고민에 따라 개발 프로젝트의 실행 여부를 결정할 필요는 없지만, 모든 가능성을 열어놓고 논의의 장에 참여하는 것은 중요하다. 어느 단계에서든 해당 기술의 적용에 관한 판단이 필요할 때 참고할 근거가 되기 때문이다.

이에 더해서 위에서 언급한 여러 가지 물음은 인공지능을 비롯한 과학기술 정책으로 구체화되어야 한다. 인공지능의 개발과 발전을 상수로 두고 그에 따라 생길 수도 있는 문제에 대처하기 위한 준비를 하는 것보다, 인공지능 개발과 사용과 관련된 정책이 뚜렷한 목적성을 가지도록 해야 한다. 급격한 기술발전을 추구하던 20세기에 자연과 조화를 이루고 심신이 건강한 삶을 목적으로 삼았더라면, 오늘날 기후변화를 막기 위해 탄소중립을 이루려는 수동적이고 사후적인 노력을 하면서 비관적인 전망에 시달리지 않을 수도 있었을 것이다. 인공지능을 비롯한 4차 산업혁명을 이루는 여러 가지 첨단기술들 역시 한편으로는 많은 성취를 약속하면서도 다른 한 편으로 근본적인 수준의 위험을 노정하고 있다. 그 위험을 관리할 수 있는 정책적 방안을 함께 고민하는 지혜가 필요하다.

기술사회의 시민 역시 인공지능의 문제에 관심을 기울여야 한다. 인공지능의 사용을 통해 편리함이 커지고 해결되는 문제도 있지만, 우리가 사용자의 자리에만 머무르지는 않는다. 인공지능이 작동하고 발전하는 과정에 내가 제공하는 데이터와 우리 사회가 함께 구축한 인프라가 사용되고 있고, 인공지능의 사용을 통해 우리의 삶에 알게 모르게 생기는 변화들이 있기 때문이다. 그 변화를 평가하고 주체적으로 반응해야 이 기술을 좀 더 발전적으로 사용할 수 있다.

나아가 기술사회의 시민으로서 문제 풀이 중심의 정답 신화에 매몰되지 않으려는 의식적인 노력을 해야 한다. 기술을 통해 해결되는 문제가 많지만, 그와 함께 새로 생기는 문제도 있다는 것을 기억하고 그 경중을 따지는 통찰력을 키워야 한다. 기술 개발의 목적과 바람직한 미래의 모습에 대한 개인적이고 집단적인 성찰이 필요하다. 공학자와 정책 결정자를 비롯한 모든 시민이 이런 물음을 연습해야 하고, 그 지점에 철학의 역할이 있다. 철학적 사유를 하는 인공지능이 나타날 것인지를 물을 것이 아니라 그런 인공지능이 필요한지를 물을 때에만 인간이 스스로 인간다움을 주장할 수 있다.

제3장
인공지능과 공존하는 법法

이국운

1. AI시대를 살아가는 느낌[1]

코로나-19가 한국사회의 구성원들에게 두려운 위압으로 등장한 시점이 대략 2020년 1월 말 정도이니, 어느덧 유례없는 전염병 대창궐 속에서 우리가 함께 살아온 세월도 2년이 훨씬 넘었다. 그리고 그 세월 동안 코로나-19만큼 친숙하게 우리의 삶 속에 깊이 들어온 단어들이 있다. 비대면이나 언택트untact라는 말들이 그렇고, 인공지능Artificial Intelligence, 즉 줄여서 AI라는 말이 그렇다.

법학자의 타고난 보수성 때문이었을까? 바로 얼마 전까지만 해도 나는 AI와 거의 상관없는 삶을 살고 있다고 생각했고, 그래서 때때로 정권 교체기의 키워드 변화에 촉각을 곤두세우는 다른 전공의 학자들과 달리 AI 같은 문제에는 관심을 꺼도 된다고 믿었다. 하지만 코로나-19시대의 비대면 교육환경에 적응하면 할수록 도무지 그렇게 과거에 머물러 있을 수 없는 현실에 맞닥뜨리게 된다. 예를 들어, 이번 학기 또다시 시작된 비대면 강의를 위하여 몇 시간 동안 비대면 강의 시스템ZOOM에 접속해 있다가, 잠시 긴장을 풀기 위해 연구실 소파에 기대앉아 유튜브YOUTUBE를 클릭하는 상

---

1   이 글이 쓰인 시점은 코로나-19 팬데믹이 만연했던 때이다. 과거가 되었지만 아직 우리를 떠나지 않은 그때를 떠올리며 이 글을 읽을 수 있기를 바란다.

황을 돌이켜 보자. 곧바로 태블릿 PC의 화면에 법학자를 위협하는 AI의 침공이 펼쳐지기 시작한다. 굳이 찾아보지 않더라도, 내 취향과 기호를 이미 분석하여 AI가 선별한 에피소드들이 목록을 이루어 나타나기 때문이다. 기가 막히도록 유혹적인 그 목록 가운데 나는 하나를 클릭해 들어간 뒤 늘 예상보다 긴 시간을 보내곤 한다. 그렇게 AI에 또 다른 데이터를 제공하고 나면, 나는 하나의 명백한 진실을 인정하지 않을 수 없게 된다. 어느새 AI가 나를 나보다 더 잘 알아버렸다는 것이다.

이처럼 AI시대를 살아가는 법학자의 느낌은 조금 난처하고 황망하다. 그것은 오래전에 태평양을 건너는 비행기 속에서 봤던 영화 〈그녀her〉에서 만났던 주인공의 분위기와 닮았다.스파이크 존스, 2013 배우 호아킨 피닉스는 단순한 호기심에서 시작하여 시간이 갈수록 AI에 깊이 의존하게 되는 주인공의 변화 과정을 특유의 표정과 몸짓 연기를 통하여 섬세하게 표현한다. 영화의 종반부에 나오는 그의 모습은 AI와의 관계에서 완전한 주객전도主客顛倒에 빠져버린 전문지식인의 앙상함 그 자체이다. 사실 이와 같은 메시지는 이 영화의 영어 제목인 her에서 이미 뚜렷하게 예고된 바 있다. 영화의 이야기는 마치 AI가 주인공 남자의 그녀his her인 듯한 뉘앙스를 풍기며 시작되지만, 호아킨 피닉스의 표정과 몸짓 변화를 거쳐, 결국 주인공이야말로 다름 아닌 AI의 소유, 즉 그녀의 남자her him임을 확인하며 마무리되기 때문이다. 직업적 공허감과 인간적 외로움에 찌든 비대면-초연결사회의 전문지식인 가운데, 과연 이 영화의 스토리텔링에서 완전히 자유로운 사람이 존재할 수 있을까?

법학자의 관점에서 보건대, 이 영화의 이야기를 잇는 다음 장면의 전개 방향에 관해서 한국사회는 매우 당황스럽고 심지어 두렵기까지 한 상황을 이미 경험했다. 많은 기대 속에 등장했던 AI 챗봇 '이루다'가 오늘날 한국사회의 에티켓 수준에서 도무지 용인하기 어려운 차별적 언사를 자연스레 구사하여 큰 사회적 물의를 빚었기 때문이다. 물론 이 사건은 한국사회에서 다양한 사회적 기표의 표면에 자리 잡은 규범적 가치 지향과 그 이면에 꿈틀대는 탈규범적 욕망의 간격이 의도하지 않게 드러난 일종의 해프닝일 수도 있다. 하지만 인간의 지능을 컴퓨터 네트워크를 통해 실현하려는 AI의 정의상 이러한 차별은 분명히 인간으로부터 배운 것이 명백하지 않은가?[고학수, 2022] 여기서 중요한 질문 하나가 떠오른다. 만약 AI가 인간과 달리 규범과 욕망의 간격을 무시하거나 아예 그러한 간격 자체를 인식하지 못한다면 우리는 이 문제를 어떻게 대처해야 할까? 앞서 말한 영화 〈그녀her〉의 호아킨 피닉스가 선택한 진로는 너무 우울하다. 이는 우리 자신이 AI의 주인이 아니라 그 소유 또는 대상으로 전락하여 사사건건 AI에게 적응하면서도 끊임없이 데이터를 제공하는 모습이기 때문이다.

그러나 이상에서 말한 난처함, 황망함, 그리고 당황과 두려움을
AI시대를 살아가는 현 시대의 주류적 느낌이라고 단정하기는 어
렵다. 과장 없이 말하자면, 어느새 신기함이나 경계심을 모두 잃
고 그저 그러려니 하면서 사태 전개를 받아들이는 무료한 체념 정
도가 한국사회의 실제 모습이 아닐까? 어차피 우리는 천재 바둑
기사 이세돌이 AI 바둑기사 알파고를 단 한 번 이겼던 2016년 3월
13일의 뿌듯함이 다시는 실현되기 힘들다는 사실을 인정하지 않
을 수 없다. 나아가 지금 이 순간 우리의 일거수일투족이 AI에 의
하여 녹음되고, 녹화되고, 분석되고, 분류되고, 재구성되고, 재배
치되고 있더라도, 일거에 사태를 역전시킬 수 있는 대응 조치를
마련하기 어렵다는 점도 받아들여야 한다. 그러나 신기하게도 이
처럼 이미 기울어진 상황에서조차 우리는 AI가 마치 전지전능한
신神의 통치를 제 나름으로 구현하리라는 디스토피아의 전망에는
동의하지 않는다. 다시 말하지만, 신기하거나 겁나기보다는 그저
그러려니 하면서, 사태 전개를 무심히 받아들이는 정도가 AI시대
를 살아가는 솔직한 느낌이 아닐까?

하지만 극히 최근 들어 한국사회에 벌어지고 있는 새로운 상황
은 이 굼뜬 법학자에게까지 황급하게 AI와 공존하는 법을 찾도록
요구하고 있다. 앞서 말했듯이, 지난 2년 동안의 코로나-19 상황
에서 비대면-초연결사회가 급속도로 구현되는 동안 AI는 이미 우

리 모두의 삶에 너무도 깊숙이 들어와 버렸기 때문이다. 사실 이러한 요구를 마주하기에는 한참 때가 늦었다고 말하는 것이 더 정확할 수도 있다. 2022년의 한국사회에서 AI와의 공존은 말 그대로 주어진 현실이며, 우리에겐 단지 그 회피할 수 없는 현실에 효과적으로 적응하는 문제만이 남아 있을 뿐이다.

이러한 느낌 속에서 AI의 시대에서 인간을 찾기 위해 굳이 법을 문제 삼는 이유는 무엇일까? 우선 'AI와 공존하는 법'이라는 이 글의 논제에 함축된 지향성을 생각해 보자. 첫눈에도 두드러지는 것은 AI와 법을 상호모순적인 양극단의 항으로 전제한 뒤, 어떻게 하면 법이 AI를 제어 또는 통제할 수 있을지를 논의하려는 지향성이다. 여기에는 분명히 21세기 자유민주주의 국가의 시민들이 법에 대하여 가지고 있는 가치적 편향, 즉 법은 언제나 권력에 대항하여 인간성을 수호하는데 협력해야 한다는 당위 명제가 작용하고 있다. 이 관점에서라면 이 글은 당연히 AI라는 새로운 위협 속에서 인간성을 수호하기 위하여 법이 어떻게 공헌할 수 있을까에 집중해야 할 것이다. 이 글의 마지막 부분에서 간략히 살펴보겠지만, 지난 10여 년간 한국사회에서 AI와 관련하여 진행된 법적 논의는 대체로 이 논점에 집중해 왔으며, 나 역시 종국에는 그처럼 익숙한 결론을 받아들이지 않을 수 없을 것이다. 하지만 논의의 출발점에서 나는 통념에 입각한 안전한 방향 대신 약간은 도발적일 수도 있는 노선을 굳이 선택해보려고 한다. AI와 법의 상호모순적인 측면이 아니라 양자의 공통적인 측면에 집중하여 AI의 범주를 크게 확대함으로써 AI의 시대에 인간을 찾는 범위를 가능한 한 넓혀 보려는 것이다.

2. 서구 근대법은 일종의 인공지능이다!

일단 인공지능, AI, 법, 법률 등을 검색어로 삼아 주요 포탈에서 인터넷 기사 검색부터 시도해 보자. 흥미롭게도 AI가 정보인권 등에 대한 침해 가능성을 높이고 있다는 기사들 사이로 AI가 법률서비스 시장에 혁명적인 변화를 초래하고 있다는 기사들이 심심치 않게 등장한다. 「똑똑해지는 AI, 변호사도 이겼다!」, 「인간 변호사에 압승한 법률 AI의 괴짜 아버지—임○○ 인텔리콘 대표」, 「헌법소원까지…'인공지능 변호사' 중개 서비스 갈등」과 같은 기사들이 그 예이다. 이는 법이 AI에서 거리가 멀 것이라는 막연한 추정과는 상당히 다른 결과이며, 심지어 법이 문과 영역의 다른 분야들에 비하여 AI에 더욱 친화적일 수도 있다는 기대마저 품게 만든다. 기실 이른바 리걸 테크 분야의 선도적인 인사들은 진작부터 가까운 장래에 법률 AI가 법규 및 판례 찾기, 판결 및 형량 예측, 계약서 분석, 변호사 찾기, 준비서면 작성, 공판 전략 수립, 공판 진행, 판결문 초안 작성 등 법률가가 통상 처리하는 업무의 태반을 대신하게 될 것이라고 공언해 왔다.[김종용, 2019 등]

이와 같은 공언은 흔히 앞으로의 사회에서 법률가의 노동 환경을 근본적으로 바꿀 것이며, 이에 따라 법률가 일자리가 엄청나게 줄어들 것이라는 두려운 예측으로 이어지곤 한다.[정혜민·최현만, 2022] 이 또한 AI와 법의 공존에 있어서 핵심적인 문제이긴 하지만, 나는 그보다는 훨씬 이론적인 차원에서 근본적인 문제 하나를 제기해 보려고 한다.

문과 영역의 다른 분야들에 비하여 법이 AI에 친화적일 수 있는 까닭은?

이 질문에 대한 답변을 위하여 이하에서 내가 검토해보려는 것은 서구 근대법이 일종의 AI라는 다소 뜬금없는 명제이다. 이는 한마디로 서양 근대가 발전시켜 대한민국을 포함한 세계의 많은 국가가 채택하고 있는 오늘날의 실정법 시스템이 일종의 인공지능이라는 말이다. 현대의 인공지능이 좁은 의미의 공학적 AI라면, 서구 근대법은 편의상 넓은 의미의 사회적 AI라고 구분할 수 있을 것이다.

사회적 규범의 하나로서 법은 본래 매우 지역적인local 특징을 지닌다. 시공간적 제약을 넘어 보편적 차원을 추구하기 마련인 도덕이나 윤리와 달리 법은 당사자들 사이의 분쟁을 해결하는 구체적 타당성에 터 잡기 때문이다. 이러한 관점에서 서구 근대법은 법의 역사에서 대단히 특이한 사례에 해당한다. 오늘날 서구 근대법은 이미 유럽이라는 좁은 지역을 넘어 세계의 거의 모든 지역에서 실정법 시스템의 근간으로 통용될 만큼 매우 일반적이고 보편적인 특징을 가지고 있다. 이와 같은 서구 근대법의 세계화가 18세기 이후 서구 근대사회가 달성했던 자본주의적 산업화 및 제국주의적 식민화와 동전의 양면이라는 점은 두말할 필요가 없다. 또한, 인식론적 차원에서 보면, 멀리 16세기 유럽에서 시작되어 20세기 말까지 인류 문명을 주도했던 문자 매체 중심의 의사소통 방식, 즉 구텐베르크 은하계Gutenberg galaxy가 배경을 이루는 점도 분명하다. 하지만 서구 근대법의 일반화-보편화에는 그러한 외적 원인으로 환원할 수 없는 내적 요인이 존재한다. 바로 이 점을 나는 서구 근대법도 일종의 AI였다는 명제로 설명해 보려는 것이다.[2]

일찍이 막스 베버를 비롯하여 많은 법사회학자가 주목했듯이, 서양 근대는 인류의 다른 문명에 비교할 때 지역성을 극복할 수

---

2   이하의 간략한 서술은 기본적으로 존 헨리 메리먼이 보여 준 대륙법과 영미법에 대한 우아한 비교 분석에 의존한다(메리먼·페르도모, 2020).

있을 만한 법적 유산을 역사적으로 다수 가지고 있었다. 우선 지중해 세계 전반에 걸쳐서 로마 공화정시대부터 축적된 시민법^{ius} ^{civile}의 토대가 존재했고, 이 시민법은 로마제국시대를 거치면서 이른바 만민법$^{ius gentium}$의 차원으로 확대·발전했으며, 이는 후일 유스티니아누스 대제에 이르러 로마법 대전으로 정돈되었다. 로마제국이 동서의 분열을 거쳐 축소·멸망한 이후에도 이러한 유산은 소위 '통속화된 로마법$^{vulgar Roman law}$'으로서 지중해 세계의 민중적 삶에 남아 있었고, 여기에 로마가톨릭교회가 가히 제국적 위상을 차지했던 서유럽 지역에서는 가톨릭교회법이 덧붙여졌다. 나아가 중세 말엽부터 각 지역의 상업 도시들을 배경으로 상인법과 도시법이 등장하면서, 유럽 특유의 봉건제도를 지탱했던 봉건법과 함께 또 다른 법적 유산을 형성했다.

　　그러나 이와 같은 역사적 유산을 현대의 AI와 유사한 인공지능으로 발전시킨 것은 서양 근대의 독특한 측면인 합리주의적 방법의 압도적 우위였다. 그 출발점으로는 흔히 12세기 이후 이슬람 문명과의 교류 속에서 고대 그리스의 고전과 로마법 대전이 재발견된 다음, 북부 이탈리아의 볼로냐대학을 중심으로 아리스토텔레스의 이성적 방법에 기초하여 로마법의 주석운동이 활발하게 진행되었던 흐름이 지목된다.[버만, 2013] 하지만 이와 같은 법 분야 내부의 변화와 함께 반드시 주목해야 할 것은 크게 보아 두 가지의 법 외적인 요인이다. 첫째는 16세기 이후 전 유럽을 휩쓸었던 프로테스탄트 종교혁명 및 종교전쟁의 충격과 이를 대처·극복하려던 18세기 이후의 탈종교 및 과학주의의 경향이고,[버만, 2016] 둘째는 지리상의 대발견 이후 상업의 발전으로 촉발된 다음 산업혁명을 거쳐 가속된 자본주의적 산업화의 경향이다. 이처럼 서구 근대법은 법 내외의 요인들이 합쳐지면서, 합리주의적 방법으로 과학화되었다.

서구 근대법의 역사에서 19세기는 위에서 말한 역사적 유산을 합리주의적 방법에 따라 재구성한 결과가 당시의 시대정신이던 과학적 실증주의의 영향 아래 체계적으로 정돈되는 시대였다. 당연한 말이지만, 그와 같은 체계적 정돈은 서양 근대의 특유한 정치적 구성 방식인 '주권적 국민국가sovereign nation-state'를 단위로 이루어졌고, 이 과정에서 주권적 국민국가의 성향에 따라 법체계의 특징과 이를 운영하는 법률가의 특징도 달라질 수밖에 없었다. 예를 들어, 이른바 육법전서헌법, 민법, 형법, 상법, 민사소송법, 형사소송법를 중심으로 국가 단위의 법전화를 통해 법의 과학화를 이루었던 프랑스, 독일 등에서는 법률가집단의 사법 관료화가 진행되었고, 커먼로라는 판례법·법조법을 대상으로 케이스 메소드case method를 통하여 법적 논증의 과학화를 추진했던 미국 등에서는 법률가의 전문직화가 진행되었다.

그러나 서구 근대법을 일종의 인공지능으로 이해하려는 이 글의 관점에서 보면, 이처럼 주권적 국민국가 단위로 이루어진 법의 과학적 체계화는 긴 호흡에서 그 단위를 넘어서기 위한 과도기로 생각할 수 있다. 왜냐하면, 두 차례의 세계대전을 겪은 20세기 중반 이후 서구 근대법은 예컨대 국제연합United Nations이나 유럽연합European Union과 같은 국제적, 지역적 네트워크를 적절히 활용하면서 서구 및 세계 전체를 양분하는 글로벌 법 시스템을 형성해 왔기 때문이다. 기실 20세기의 사회주의 실험이 완전한 실패로 돌아간 뒤 서구 근대법의 두 전통인 시민법Civil law과 보통법Common law은 가히 전 세계를 양분하는 실정법의 지위를 구가하고 있다. 아직도 서양 근대의 영향이 미약한 세계 주변부 전통사회의 관습법이나 일부 이슬람 신정국가들의 종교법 정도를 제외한다면, 아직 이 두 전통을 받아들이지 않은 법의 영역은 찾기가 매우 어렵다.

시민법 전통과 보통법 전통은 흔히 다음과 같은 방식으로 비교된다.메리먼·페르도모, 2020 전자는 로마법의 역사적 유산에 맞닿아 있고, 프랑스, 독일, 오스트리아를 비롯한 유럽 대륙 국가 대부분과 그 과거 식민지들에 존재하며, 연역적인 법적 추론을 바탕으로 실체법적 구성요건을 따지는 경향이 강하고, 육법전서에서 출발하는 관료적 법체계 및 사법 관료제judicial bureaucracy에 친화성을 가진다. 이에 비하여 후자는 로마법의 역사적 유산과는 절연하고, 영국, 미국 및 그 과거 식민지들에 존재하며, 귀납적인 법적 추론을 바탕으로 절차법적 공정성을 따지는 경향이 강하고, 법전화의 진척에도 불구하고 특히 민사법 및 형사법의 핵심 영역계약, 불법행위, 신탁, 자연 범죄 등은 여전히 판례법·법조법이 중심이며, 법적 논증의 연마를 필수적으로 강조하는 법전문직legal profession에 친화성을 가진다.

그러나 신자유주의적 글로벌리제이션이 급속도로 진행된 20세기 말부터 21세기 초에 이르는 한 세대 동안 시민법 전통과 보통법 전통의 이와 같은 차이는 법의 이념이나 실정 법규범의 내용적인 차이가 아니라, 단지 법에 대한 접근 방식의 차이 정도로 축소된 느낌이 강하다. 국제인권법, 국제거래법을 넘어 국제형사법의 영역에 이르기까지 이른바 시민법 전통과 커먼로 전통의 상호수렴convergence이 목격되고 있기 때문이다. 이 글의 관점에서 이러한 현상은 서양 근대가 발전시킨 일종의 인공지능으로서 서구 근대법이 어쩌면 최종적인 단계에 진입하고 있는지도 모른다는 분위기를 자아낸다. 굳이 어색한 비유를 들어 말하자면, 지금껏 세계의 컴퓨터 운영체제 시장을 양분해 온 거대 소프트웨어 기업들이 더욱 커다란 미래의 시장을 앞에 두고, 운영체제의 궁극적인 통합을 위해 단계적인 호환 시스템을 제공하기 시작한 것과 유사한 상황이라고나 할까?

현대의 법이론 및 사회이론에서 서구 근대법이 인공지능처럼 스스로 작동하는 원리는 어느 정도 소상히 밝혀져 있다.이국운, 1999

그 핵심은 일단 법의 획득obtainment과 집행enforcement을 분리하여 사실적 차원과 법적 차원을 제도적으로 구분한 뒤, 법적 차원을 전담하는 법의 획득 과정을 다시 법창조law-making과 법발견law-finding의 역동적인 흐름dynamics으로 재구성하는 것이다. 이러한 재구성을 통해 서구 근대법은 각 사회 속에서 하나의 독자적이고 자율적인 시스템으로 확립될 수 있었다. 앞서 말했듯이 이 과정은 먼저 주권적 국민국가 단위로 진행되었고, 20세기 중반 이후에는 EU나 UN처럼 지역적, 국제적 정치공동체를 무대로 확대되고 있다. 근래 들어 시민법 전통과 보통법 전통이 양자를 가르는 역사적, 철학적, 방법적, 체계적 차이들에도 불구하고 상호 수렴하고 있는 까닭은 근본적으로 양자 모두가 법창조와 법발견의 다이내믹스를 법 시스템의 작동 원리로서 공통적으로 장착하고 있기 때문이다.

3. AI의 원리 탐구 1 지능성, 네트워크적-메타적 앎

서구 근대법이 일종의 인공지능이라는 도발적 문제의식은 우리에게 AI의 근본 원리를 성찰하도록 요구한다. 다만, 이때의 근본 원리는 앞에서 유튜브는 영화 〈그녀her〉 또는 리걸 테크 분야에서 떠올리거나 맞닥뜨렸던 좁은 의미의 공학적 AI만이 아니라 서구 근대법까지를 포괄하는 넓은 의미의 사회적 AI에 관한 것이어야 하며, 당연히 양자를 아우를 수 있어야만 한다. 나는 이 문제를 인공지능이라는 용어 자체에 내포된 두 가지 요소, 즉 지능성과 인공성으로 나누어 살펴보고 싶다.

우선 지능성에 관하여 생각해 보자. 지능성의 근본은 앎의 본질에 대한 질문들로 가득하다. '나는 무엇을 아는가?'의 질문에서 시작하여 '나는 어떻게 아는가?, 즉 나는 내가 안다는 것을 어떻게 알 수 있는가?'의 질문에 이르고, 그 뒤를 이어서 '아는 것과 안다고 생각하는 것은 어떻게 다른가?'라든지, '앎의 공유, 즉 내가 아는 것을 타인이 알고, 타인이 아는 것을 내가 아는 것은 어떻게 가능한가?' 같은 질문들이 따라 나온다. 이 많은 질문에 답하려면 아마도 대표적인 실용학문인 법학의 영역을 벗어나서 철학적 인식론, 인지심리학, 뇌과학, 컴퓨터공학 등 다양한 분과의 학제적 연구성과에 의존해야 할 것이다. 어쩌면 앎의 본질에 관한 종교적 탐구의 결실을 들여다볼 필요가 있을지도 모른다.

여기서는 지난 세기 내내 현상학자들이 고민해 온 맥락에서 이 문제를 간단히 답해 보고자 한다.서동욱, 2000 등 일단 위의 질문들에 대하여 현상학자들은 '앎과 사유의 동반 현상'에 주목하는 것으로 보인다. 이에 따르면, 인간의 앎은 항상 사유라는 현상, 즉 안다고 생각하는 차원을 동반한다. 다시 말해, 앎이란 언제나 의식의 차원에서 이루어지며, 그 의식은 언제나 무언가를 향하여, 그 무언가에 대한 지향 속에서, 현재의 시제로 존재한다. 여기서 일차적으로 풀어야 하는 문제는 사유를 통한 인간의 앎이 구체적으로 어떤 방법을 통해 실현되는가이다. 그리고 그 사유의 방법에 관련하여 흔히 지향성 또는 초인지로 일컬어지는 '앎에 대한 사유', 즉 메타적 앎이 어떤 역할을 맡는지도 생각해 보아야 한다.

현상학자들에 의하면 인간의 사유는 대체로 표상을 통해서 이루어진다. 여기서 표상이란 사유의 대상을 그것을 가리키는 무언가로 인간의 의식 지평에 세우는 것, 달리 말해 그 무언가로 대상을 자신의 사유 앞에 세우는 것^{vorstellung}이라고 할 수 있다. 이때 세워지는 것은 표상이고, 세우는 것은 무언가^{X}를 무엇^{Y}으로 표상하는 의식이다. 이는 대상에게 표상을 부여하여 그 대상을 인간의 사유 속에 재현, 즉 다시-현재화하는 것$^{re-present}$이기도 하다. 이와 같은 표상을 통한 인간적 사유의 특징은 인간이 어떻게 앎을 공유할 수 있는지를 해명해 주는 것이기도 하다. 그 요체는 의식 차원의 공유, 그리고 그 위에서 구체적인 표상의 공유이다. 이 중첩적인 공유를 통하여 인간은 개인적 차원의 앎을 집단적 차원의 앎으로 전이할 수 있고, 그 반대 과정도 마찬가지로 가능하다.

이와 같은 통찰을 통해 분명해지는 것은 인간의 앎에서 중심적인 지평이 개인의 의식이 아니라 표상의 공유를 통해 앎을 현재화하는 초^超개인적 의식의 네트워크라는 점이다. 사실 '앎에 대한 사유', 즉 메타적 앎은 이와 같은 앎의 보편화 및 현재화를 언제나 동반한다. 서구 근대법을 예로 들자면, 이러한 현상은 오늘날 개개의 주권적 국민국가는 물론 심지어 시민법 전통과 보통법 전통을 넘어 세계의 거의 모든 지역을 아우르는 실정법 또는 실정법 지식 네트워크에서 단적으로 드러난다. 이와 같은 상황에서 법을 안다는 것, 법지식을 가진다는 것은 결코 개인적인 차원의 깨달음이 아니며, 오히려 앞서 말한 초개인적-세계적 실정법 지식 네트워크에 접속 또는 연결된다는 의미일 수밖에 없다.

이상과 같은 지능성의 본질에 관한 고찰은 서구 근대법과 같은 사회적 AI만이 아니라 좁은 의미의 공학적 AI에 관해서도 충분히 통용될 수 있다. 예를 들어, 우리는 오늘도 카카오톡과 같은 인터넷 메신저에 접속하면서, 스스로 능동적이자 주체적으로 연결한다고 생각한다. 그러나 이는 착각이며, 실상은 카카오톡이라는 표상의 공유를 통해 공동의 네트워크에 연결될 뿐이다. 이러한 실상은 때때로 아이디나 패스워드를 잃어버려 접속이 거부될 때, 전면에 드러나게 된다. 네트워크의 접속 허가가 없으면 나는 앎의 차원에 연결될 수 없기 때문이다. 흥미롭게도 나는 곧잘 아이디나 패스워드를 잊어버리지만, 네트워크는 잊어버리지 않는다. 따라서 주도권은 항상 네트워크 쪽에 있을 수밖에 없다.

서구 근대법과 같은 사회적 AI나 카카오톡과 같은 공학적 AI 모두에서 인간은, 개인적 앎의 차원에 머무를 경우, 자신의 앎을 앎으로 승인받을 수 없다. 오히려 개인적 앎은 초개인적 의식의 네트워크 차원에 개인의 앎이 알려질 때만, 즉 네트워크의 시간에 연동하여 개인이 대상을 의식 속에 현재화할 때만, 비로소 앎으로 승인받게 된다ON. 반대로 네트워크에 연결되지 못한 앎은 살아 있다고 말할 수 없다OFF. 이처럼 네트워크의 관점에서 앎의 생사 ON / OFF가 결정된다면, 앎의 세계에서 살아 있는 것은 주체가 아니라 앎의 네트워크 그 자체이고, 그 네트워크에 접속 허가를 받아야 하는 주체는 앎의 주체라기보다는 오히려 대상이라고 말해야 할 것이다. 요컨대, 앎은 네트워크에 알려질 때, 즉 네트워크의 앎이 될 때, 비로소 앎이 될 수 있다.

　이렇게 볼 때, 서양 근대에서 법학의 연구와 교육을 과학화하는 방법을 통하여 법 규범 및 법 절차의 체계를 발전시켜 온 일련의 과정은 오늘날 AI의 기술적 토대를 이루고 있는 이른바 '딥러닝deep learning'의 원리와 유사한 측면이 있다. 단지 수백 년의 세월이 소요될 만큼 기나긴 과정을 겪었다는 점이 다를 뿐, 수많은 레이어들layers를 놓고 무한한 반복 학습을 통해 귀납과 연역을 거듭함으로써 시스템 자체의 학습 능력을 배양하는 방식은 상당히 비슷하기 때문이다. 이러한 과학적 공진화의 결과로서 오늘날 서구 근대법은 지역과 세대와 국가와 전통을 넘어 표준적인 법적 분석과 대안을 내놓을 수 있는 수준까지 체계화되었다. 이로써 오늘날 서구 근대법을 배우는 것, 즉 법에 대한 앎은 당연히 서구 근대법에 접속하는 것, 즉 법의 언어와 게임규칙을 배운 뒤 이를 활용하여 실정법 지식 네트워크에 접속하고, 다시 그 네트워크의 진화와 발전에 스스로 연동되는 것을 의미하게 되었다.

물론 이와 같은 앎의 네트워크적 성격 또는 네트워크적 앎에 대한 통찰이 앎의 본질에 관한 모든 것일 수는 없다. 오히려 더욱 강조되어야 할 초점은 앎을 개인적 차원에서 네트워크의 차원으로 이끄는 '앎에 대한 사유', 즉 메타적 앎이 항상 앎 자체를 내부를 향하여 닫힌 과정이 아니라 외부를 향하여 열린 과정으로 만든다는 사실이다. 이와 같은 개방성 또는 초월성은 인간의 앎에 주어진 해방의 가능성이기도 하거니와 동시에 그 차단 및 단절을 통하여 질곡이 벌어질 수 있는 근거이기도 하다. 지난 세기 현상학자들이 제안한 용어를 빌리자면, 이는 동일자 중심주의로 전략하곤 하는 표상적 사유의 한계 앞에서 비표상적 사유, 즉 타자에 대한 환대에서 출발하는 전혀 다른 방향의 사유가 발생하는 지점이기도 하다.[3]

4. AI의 원리 탐구 2 인공성에서 인공성 너머로

그러나 네트워크적-메타적 앎이라는 지능성의 원리만으로는 어떠한 AI도 작동하지 못한다. 사회적 AI든 공학적 AI든 인간의 실존과 연결되지 않으면, 인간적-사회적 의미를 도무지 표상할 수 없기 때문이다. 인간의 실존과 연결되지 않는 표상은 궁극적으로 대상과 상대방을 모두 잃고 무의미에 귀착할 따름이다. 이러한 맥락에서 AI는 지능성, 즉 앎의 차원에 실존적 토대를 제공하는 삶의 차원, 즉 인공성을 근본원리로 내포할 수밖에 없다. 인간의 지능을 컴퓨터 네트워크를 통해 실현하려는 AI의 정의로 돌아와 보더라도 출발점이자 귀착점은 인간이지 컴퓨터 네트워크가 아니다.

그러므로 사회적 AI든 공학적 AI든 인공성의 출발점이자 귀착점은 언제나 인간의 신체라고 보아야 한다. 인간의 몸에서 출발하고 또 그리로 돌아오지 않는 AI는 인공성의 차원을 벗어난 일종의 괴물이 될 뿐이다.김현경, 2015 그렇다면 이처럼 AI의 출발점이자 귀착점을 이루는 인간의 신체는 구체적으로 누구의 몸을 말하는 것일까? 소비자본주의의 창궐이 만유의 디지털화와 겹쳐지면서, 이 문

---

3   이상에서 전개한 앎의 현상학, 특히 그 개방성과 초월성에 주목하여 나는 '헌정적인 것'의 개념을 정의하고 그로부터 자유민주주의를 새롭게 규정하려는 시도를 전개한 바 있다(이국운, 2016·2019).

제에 관하여 한국사회에는 최종사용자 또는 이용자, 즉 '유저user' 의 신체를 인공성의 토대로 삼으려는 움직임이 현저하다. 그러나 여기에는 유저의 신체로부터 데이터를 확보하여 AI를 끝없이 확장하려는 시도와 함께 유저에게 인공성의 궁극적인 책임을 전가하려는 책략이 은밀하게 섞여들 위험이 크다. 이런 맥락에서 AI의 출발점이자 귀착점을 이루는 인간의 신체로는 AI를 생계수단으로 삼아 자신의 실존을 묶어버린 특수한 전문가들의 몸을 먼저 지목해야만 할 것이다. 사회적 AI인 서구 근대법에 관해서는 로마시대 이래 소송, 변론, 재판 등 사법 과정을 중심으로 전문지식을 전수해 온 법률가들lawyers의 신체가, 공학적 AI인 유튜브나 카카오톡에 관해서는 이른바 머신러닝에서 딥러닝까지 인공지능 시스템의 수립과 운영 노하우를 축적해 온 공학자들engineers의 신체가 여기에 해당한다.

이와 같은 전문가들은 굳이 비유하자면 '앎에 대한 앎', 즉 네트워크적-메타적 앎의 사제들과 같다. 그러나 이 사제들은 자신들의 몸에서 출발하여 돌아오는 AI의 인공성을 권력이나 돈이나 지식이나 기술을 활용하여 한사코 무언가 다른 토대로 바꾸어 놓으려고 한다. 물론 그렇다고 해서 AI의 출발점과 귀착점이 궁극적으로 달라지지는 않지만, 출발점과 귀착점 사이에 수많은 레이어들을 놓고 이를 시스템으로 재구성하면 AI의 역량을 크게 확대할 수도 있고, 이를 통해 자신들의 욕망을 채울 수도 있으며, 최악의 경우라도 혹시 모를 작동 불량의 책임을 모호하게 만들 수도 있기 때문이다. 이 점에 관해서라면 사회적 AI를 다루는 법률가들이나 공학적 AI를 다루는 공학자들 모두가 한통속이라고 말해도 무방하다.

서구 근대법이 사회적 AI로서 성공할 수 있었던 이면에서 우리는 크게 세 가지 인공적 토대를 확인할 수 있다. 첫째는 방대한 법데이터의 축적과 분류와 체계화를 감당할만한 법지식 인프라이다. 앞서 말한 12세기의 볼로냐대학 이래로 시민법 전통에서 법학의 연구와 교육은 항상 서구의 대학 제도에서 가장 중심에 있었고, 19세기 후반 미국에서 로스쿨 제도가 시작된 다음부터는 그와 같은 경향이 보통법 전통에도 자리를 잡았다. 둘째는 법지식 인프라의 성과를 시대에 맞추어 새롭게 재구성하는 법적 사유의 혁신가들이다. 예를 들어, 로마법의 연구성과를 집대성하여 근대 민법의 체계를 구성했던 독일의 판덱텐 법학자들이나, 케이스 메소드를 통하여 영미 판례법·법조법의 연구와 교육을 논증과학의 형태로 바꾸었던 미국의 로스쿨 개혁자들을 지목할 수 있다. 셋째는 위 둘의 성과를 실정법의 형태로 강제하는 강대한 정치 권력이다. 국가 단위의 성문법전을 제정했던 19세기 유럽의 주권적 국민국가들이나 세계인권선언을 비롯한 각종 국제협약을 실질적 법원法源으로 삼는 20세기의 국제기구들을 생각할 수 있다.

달리 표현하여 이 세 가지 인공적 토대는 서구 근대법의 권력 기반이다. 서구 근대법은 멀리 지중해 세계를 제패한 로마의 평화 Pax Romana로부터, 7세기 유스티니아누스 대제의 로마법 대전, 11세기 교황 혁명Pope Revolution과 로마 가톨릭의 교회법 대전, 16~17세기 프로테스탄트 종교혁명이 촉발한 종교적 내전과 이를 극복하기 위한 이성적 자연법운동, 18세기 프랑스 대혁명과 나폴레옹 대법전을 필두로 한 법전화 현상, 20세기 이후 앵글로-아메리칸의 세계 패권 유지와 커먼로의 세계화에 이르기까지 언제나 강대한 권력의 토대 위에서 존재했다. 사회적 AI로서 서구 근대법은 이와 같은 인공적 토대와 결코 분리되지 않았고, 그 속에서 법률가들은 그 인공적 토대 속에서 부여받은 사법 관료 또는 법전문직의 위상을 당연하게 받아들였다.

여기서 주목할 것은 서구 근대법이 강대한 권력의 토대와 일체가 되면서 점차 인공성의 출발점이자 귀착점인 법률가들의 신체로부터 유리流離될 수밖에 없었다는 사실이다. 이는 무엇보다 서구 근대법이 법률가들의 몸과 아무런 상관이 없는 독자의 자율적 시스템으로 이해되는 국면에서 잘 드러난다. 이 과정에서 서구 근대법은 인공성의 차원을 벗어나 인공성 너머로 나아가며, 리갈리즘 legalism, 즉 모든 사태를 법화legalization하는 일종의 이데올로기를 발전시킨다. 그리고 리갈리즘 속에서 법률가들은 네트워크적-메타적 앎의 개방성과 초월성을 잃어버리고, 단지 법 시스템 속에서 체계적으로 분배된 위상으로 만족하게 된다. 여기서부터 서구 근대법이 일종의 괴물로 변모하여 모든 책임을 최종사용자, 즉 '유저'에게 전가하게 되기까지는 그리 오랜 시간이 걸리지 않는다. 지난 세기 동안 수많은 전쟁과 학살을 일으키면서도 그 책임을 인류 전체에게 전가해 온 서양 근대 문명의 모습은 어쩌면 사회적 AI로서 서구 근대법이 이미 그러한 최종 국면에 도달했음을 드러낸 것인지도 모른다.

대단히 흥미롭게도 서구 근대법의 인공적 토대에 관한 이상의 통찰은 현대의 공학적 AI에도 유사하게 들어맞는다. 공학적 AI의 궁극적인 출발점이자 귀착점이 공학자들의 몸이라는 사실은 심지어 그 공학자들까지도 알아채지 못한다. 그 대신 오늘날 공학적 AI는 전자혁명에 따른 디지털 기술 및 그에 따른 컴퓨터 네트워크를 인공적 토대로 삼고 있다. 여기서 디지털 기술은 '자연의 수학화'를 급진적으로 추구하고, 공학적 AI는 그 추구의 결과를 컴퓨터 네트워크에 연결하여 끝없이 축적하고 확장한다. 이러한 과정에서 등장하는 현상은 '만유의 (디지털) 데이터화'라고 요약할 수 있다. 만유의 데이터화는 컴퓨터 네트워크를 초개인적 의식 차원으로 삼아 만유의 표상, 즉 만유의 현재화를 가능케 하는 실질적 토대가 된다.

그러므로 오늘날의 공학적 AI가 데이터에 굶주려 있는 것은 당연한 결과이다. 데이터의 발굴, 확보, 독점, 가공, 즉 만유의 데이터화와 재데이터화야말로 공학적 AI의 생존 방식이기 때문이다. 냉전 종식 이후 디지털화와 글로벌리제이션을 줄기차게 추진하면서 서구의 자본주의는 이미 만유의 상품화-금융화-데이터화-재데이터화에 적응을 완료한 상태라고 말할 수 있다. 여기에 코로나-19 상황에서 밀어닥친 비대면-초연결사회는 그나마 사각지대로 남아 있던 시민들의 일상 차원마저도 데이터화와 재데이터화의 흐름 속으로 급속하게 몰아가고 있다.

게다가 비대면-초연결사회는 공학적 AI가 일종의 괴물로 변모하는 과정을 두 방향에서 강화하는 것으로 보인다. 첫째, 초연결은 연결의 방향을 정반대로 바꾼다. 우리는 대개 연결을 사유하는 주체의 연장과 유사하게 이해한다. 그러나 초연결에서 연결은 주체가 아니라 네트워크를 중심으로 이루어진다. 이는 연결 그 자체에 대한 이해의 전복을 요구한다. 초연결에서 주체는 주체가 아니라 네트워크의 대상이 될 뿐이다. 이러한 환경 속에서 주체는 사유하기가 아니라 사유되기에 익숙해져야 한다. 한마디로 나는 이제 스스로 네트워크에 접속하는 것이 아니라 오히려 네트워크가 내게 접속하는 것이 정상임을 받아들여야 한다. 이때 네트워크는 자지도 않고 죽지도 않으며, 그 관점에서 만유를 현재화한다. 초연결에서 네트워크의 접속이 끊어지는 것은 곧 '죽음'을 뜻한다.

둘째, 이와 같은 초연결의 급진화에도 불구하고 그러한 경향 자체를 비판하거나 성찰하려는 시도는 희귀해질 수밖에 없다. 비 대면 환경에서는 AI를 인간의 실존에 연결하는 인공성의 출발점 이자 귀착점으로서 인간의 신체가 단순한 데이터의 차원으로 전 락해 버리기 때문이다. 물론 최종사용자, 즉 유저의 몸은 여전히 중요하게 취급되는 경향이 있지만, 이는 어디까지나 그 유저의 몸 이 수많은 데이터의 원천이기에 가능한 현상이다. 네트워크의 바 깥에 있는 몸, 그래서 데이터로서의 가치가 부여되기 이전의 신체 는 비대면-초연결사회의 관심이 아니다. 그리고 심지어 공학적 AI 를 만들고 운영하는 공학자들의 신체까지도 이 무관심의 영역으 로 밀려난다.

앞서 말한 대로 서구 근대법에서 리갈리즘이 만유를 법화하는 흐름을 정당화하는 이데올로기라면, 오늘날의 공학적 AI에서는 과연 어떠한 이데올로기가 만유를 데이터로 바꾸려는 이 흐름을 정당화하고 있을까? 유감스럽게도 나는 이 질문에 답할 수 있을 만한 지식이나 경험을 전혀 갖고 있지 않으며, 이 점에 관해서는 공학자들 가운데 누군가가 답해 주기를 바랄 뿐이다.[4] 다만 나로서

---

4   만유의 법화와 리갈리즘을 증언하는 법학자가 있다면, 만유의 데이터화를 추진하는

는 이른바 테크노피아의 주창자들이 늘 그래 왔듯이, 예를 들어 만유의 데이터화를 다원주의와 연결하는 방식으로 다음과 같은 환상주의 담론이 구태의연하게도 재연될 수 있으리라고 짐작할 따름이다. 흔히 두려워하는 만큼 만유의 데이터화는 그렇게 무서운 일이 아니고, 그 이유는 데이터를 모으는 네트워크가 하나가 아니라 불특정 다수로 등장할 수밖에 없기 때문이며, 따라서 과학기술의 발전이 복수의 네트워크 사이에 다원적 공존과 자유로운 상호연계를 충분히 가능하게 만들 것일 뿐만 아니라, 심지어 지금의 예상하기 어려운 네트워크의 자율적인 자기재생산autopoesis까지도 이루어질 것이라는 이야기들 말이다. 그러나 오늘날 공학적 AI가 예표하는 비대면-초연결 네트워크는 과연 이 환상주의 담론이 약속하는 만큼 우리를 자유롭게 할 수 있을까?

5. AI와 공존하는 법 2011년 이후 한국사회의 맥락에서

이 글에서 나는 AI와 법의 상호모순적인 측면이 아니라 양자의 공통적인 측면에 굳이 집중하여 서구 근대법이야말로 서양 근대

이데올로기를 고백하는 공학자도 있을 수 있지 않을까?

가 발전시켜 온 독특한 인공지능이었다고 주장했다. 그리고 그 논의로부터 사회적 AI와 공학적 AI를 관통하는 인공지능의 원리를 지능성과 인공성의 측면에서 찾고자 했다. 이 과정에서 발견한 것은 양자 모두가 각각의 권력 기반을 인공적 토대로 삼아 네트워크적-메타적 앎을 심화시키면서 만유를 특정한 관점에서 환원하려는 경향 변화 또는 데이터화을 노골화하고 있다는 사실이었다. 이제 나는 이 글의 논제에 함축된 지향성 쪽으로 방향을 바꾸어 AI라는 새로운 위협 속에서 인간성을 수호하기 위하여 법이 어떻게 공헌할 수 있을까를 간략하게 논의하는 방식으로 난삽하기 짝이 없는 논의를 마무리하고자 한다.

테크노피아의 주창자들이 내놓는 환상주의 담론에도 불구하고, 코로나-19 이후 우리가 경험해 온 비대면-초연결사회는 오히려 우울한 전망을 강화하는 것 같다. 과연 불특정 다수 네트워크의 다원적 공존이 비대면-초연결사회에서 이루어질 수 있을까? 도대체 어떠한 공학적 AI가 그것을 가능하게 할까? 그리고 그것이 가능하더라도 그 경우에 적합한 사회적 AI는 어떤 모습이어야 할까? 나아가 공학적 AI와 사회적 AI의 바람직한 상호관계는 무엇이며, 그것은 누가 어떻게 정하고 실현할 수 있을까? 짧은 관찰이지만, 적어도 현재의 시점에서는 이와 같은 질문들에 대하여 공학자들도 법률가들도 제대로 답하고 있지 않은 것으로 보인다.

개인적인 생각으로는, 가장 온건하게 전망하더라도 비대면-초연결사회는 불특정 다수 네트워크의 다원적 공존을 보장하기보다는 모든 대상을 자신의 관점에서 현재화하는 (동일자) 네트워크의 숫자를 몇몇으로 줄인 뒤, 그 사이의 쟁패를 갈수록 강화할 것 같다. 만약 그렇게 된다면, 비대면-초연결 네트워크에 삶의 근원적 다원성을 담아내려고 애쓰기보다는, 오히려 비대면-초연결에 맞서서, 또는 비대면-초연결에도 불구하고, 삶의 근원적 다원성을 수호하기 위한 다른 방도를 찾는 것이 낫지 않을까?

이 점에 관해서라면 끊임없이 권력과 결탁하면서 리갈리즘을 내세워 만유를 법화하면서도 그로 인한 폐해의 책임을 인류 전체에게 전가해 온 서구 근대법이 그나마 발전시켜 온 두 가지 대안에서 최소한의 지혜를 확보할 수 있을 듯하다. 그 하나는 네트워크적-메타적 앎에 깃든 개방성 또는 초월성을 해방의 가능성으로 붙잡는 것이고, 다른 하나는 권력을 분립하여 견제와 균형의 체계로 재배치함으로써 어떤 경우에도 법 시스템이 단 하나의 중심으로 통합되지 못하게 하는 것이다. 서구 근대법의 역사에서 이 두 가지 대안은 예컨대 권리-해방-자유-인권의 목록들이나 제한 주권 또는 다차원적 권력 분립의 체계로 구체화되어 왔다.이국운, 2010 그렇다면 이와 유사한 논리를 공학적 AI에 관해서도 적용하여 그 속에서 인간의 자리를 찾아볼 수 있지 않을까?

이제 나는 한국사회의 현실로 돌아와서 '공학적 AI와 공존하는 법'에 관하여 몇 가지 구체적인 대안을 생각해 보는 것으로 AI의 시대에 인간을 찾으려는 법학자의 주제넘은 방황을 마무리하려고 한다. 주지하듯 이 문제에 관한 한국사회 내부의 논의는 대체로 2011년에 본격화되었다. 개인정보보호법의 제정^{2011.3.29} 및 시행^{2011.9.30}이 바로 그해에 이루어졌기 때문이다. 이는 만유의 데이터화를 노리는 과학적 AI의 도전 앞에서 개인의 '정보'를 보호하기 위한 실정법적 방어체계를 형성한 것으로 평가할 수 있다. 그러나 개인정보보호법은 곧바로 적지 않는 비판에 부딪혔다. 사사건건 정보주체의 동의를 요구하는 체제는 곧바로 형식주의라는 불만을 초래했고, 데이터 산업의 저항도 갈수록 심해졌다. 이러한 상황을 타개하기 위하여 한국 정부는 2016년에 이르러 이른바 '개인정보 비식별화 조치 가이드라인'을 발표했다. 그 핵심은 비식별화조치를 통해 개인정보가 아닌 것으로 판단된 정보는 정보 주체의 동의 없이도 처리할 수 있도록 한 것과 이른바 임시 링크기를 통하여 개인정보처리자 사이에서 데이터셋의 결합 가능성을 확대한 것이었다. 그러자 시민사회단체들은 개인정보보호법의 취지가 몰각되었다는 이유로 대대적인 반대운동을 시작했고, 2017년에는 심지어 관련자들에 대한 형사 고발까지 이루어졌다.

이와 같은 상황에서 2018년 유럽연합의 개인정보보호규정^{Gene-}

ral Data Protection Regulation, GDPR 시행은 한국사회의 논의 방향에 적지 않은 영향을 끼쳤다. 곧바로 국내에서도 개인정보보호법의 전면적인 개정 필요성이 제기되었기 때문이다. 여기에 더하여 2020년 초 코로나-19 사태가 시작되면서 무엇보다 전면적인 방역 목적을 이유로 개인정보보호법이 개정2020.2.4, 시행되었다2020.8.5. 그 골자는 가명 정보의 활용을 촉진하는 것과 통계작성·과학적 연구·공익적 기록 보존 등을 위해 정보 주체의 동의 없이 가명 정보를 처리할 수 있도록 한 것, 그리고 여러 기관이 소유한 가명 데이터의 결합 업무를 지정된 기관이 수행할 수 있도록 한 것 등이다. 이로써 2011년 제정되었던 개인정보보호법의 취지는 상당 부분 수정되었고, 이 개정법률 및 그 운영 실태에 대해서는 2022년 현재 EU의 개인정보보호규정에 따른 적절성 평가가 진행 중인 것으로 알려져 있다.

이처럼 한국사회에서는 지난 10년간 AI에 대한 방어적 관점에서 허용적 관점으로 실정법의 태도 자체가 바뀌었다. 물론 코로나-19 사태를 계기로 삼아 임시적 제도변경으로 정당화한 측면이 있긴 하지만, 벌써 2년이 훌쩍 넘어 비대면-초연결사회를 급속도로 구축하고 있는 현실에서 이와 같은 방향성이 또다시 바뀌리라고 기대하기는 어렵다. 이렇게 공학적 AI가 전면적으로 추진하는 만유의 데이터화가 기본적으로 허용되면서, 논의의 초점은 곧바로 공학적 AI 알고리즘의 공정성 문제로 옮겨가고 있다. 정보 주체의 데이터 자체 통제가 어려워지자 데이터의 발굴, 확보, 독점, 가공 등에 적용되는 실질적인 기준이 중요해지는 셈이다.

그러나 이 점에 관하여 한국사회에서 논의되는 방안은 아직 초보적인 수준이다. 대표적으로 과학기술부가 2019년에 발표한 '국가 인공지능 윤리기준'은 이른바 '인간 중심 AI'를 위한 3대 기본원칙으로 ① 인간의 존엄성, ② 사회의 공공선, ③ 기술의 합목적성을 제시하면서, 10개의 핵심 요건으로 인권 보장, 프라이버시 보호, 다양성 존중, 침해 금지, 공공성, 연대성, 데이터 관리, 책임성, 안전성, 투명성을 지목하고 있다. 이에 따라 다음카카오, 네이버와 같은 인터넷 포털이나 공학적 AI와 관련이 깊은 금융기관들이나 자율주행자동차 관련 기업 등에서 자율적으로 알고리즘에 관한 윤리기준을 제정하려는 움직임이 진행되고 있다.

하지만 추상적인 수준에서 알고리즘의 규범성을 막연히 높이기만 해서는 아무런 문제도 해결할 수 없으며, 도리어 공학적 AI의 자율적 윤리기준이 인공지능 관련 산업의 립서비스 또는 윤리적 화장술로 전락할 가능성을 배제하기 어렵다. 이러한 맥락에서는 오히려 만유의 데이터화를 전면적으로 추진하는 인공지능 관련 산업의 근원적인 욕망을 직시하고, 이를 대처·통제할 수 있는 법의 지혜에 주목할 필요가 더욱 크다. 예를 들어, ① 적어도 생체

정보에 관해서는 과거의 개인정보보호법보다 훨씬 엄격한 태도를 택하여 그 디지털화를 강력하게 통제하고, ② 이른바 'My data' 제도의 확대를 통해 개인정보 역추적권역감시권의 제도적으로 활성화하며, ③ 개인정보처리기관들을 일종의 잠재적인 권력기관으로 간주하여 이들 상호 간에 견제와 균형의 체계를 수립하도록 하고, ④ 이와 같은 목적을 위하여 일단 독점금지에 관한 공정거래법률을 적극적으로 해석·적용해야 할 것이다. 물론 이와 같은 법적 조치들보다 더욱 근본적인 요청은 진정한 의미에서 공학적 AI의 인공적 토대인 공학자들이 그 양성 과정에서부터 네트워크적-메타적 앎에 내포된 개방성·초월성, 그리고 타자에 대한 환대의 정신을 접할 수 있도록 만드는 일일 것이다.

제4장

인간의 건강과 행복으로 바라본 의료인공지능

황형주

1. 들어가며

사람들은 필자 본인이 수학자라고 하면 세상과 동떨어져 시간도 잊은 채 풀리지 않는 난제를 고민하는 이미지를 떠올리지만 그보다는 주로 현실적인 고민을 많이 한다. 특히나 은퇴할 시기가 가까워지다 보니 요즘은 부쩍 건강에 관심이 많아졌다. 한동안 필자의 유튜브 동영상 추천 목록은 다이어트를 위한 맨몸운동과 영양제 추천이 주를 이뤘다. 수학과 인공지능을 연구하는 사람으로서 그리고 건강에 관심이 많은 50대로서, 인공지능의 효과적인 활용과 사회 기여도를 따졌을 때 가장 먼저 떠오르는 것은 바이오·의료 분야이다. 특히, 코로나 팬데믹을 거치며 전염병이 우리 사회와 인식, 그리고 미래에 얼마나 큰 영향을 줄 수 있는지 직접 체험하고 배웠다. 이 글은 인공지능이 바이오 의료 분야에 어떻게 활용되며 사회에 기여할 수 있는지를 살펴보는 것에 목적을 두었다.

1. 왜 의료인공지능이었을까?

이 글의 모티브인 강연의 가제는 '의료인공지능으로 바라본 인간의 건강과 행복'이었다. 가제를 받아 들고 나서 한참을 잊고 있다가 강연을 준비하려고 다시 가제를 마주했을 때 왠지 모를 찜찜함이 있었다. 왜일까? 연구실 학생들과 함께 얘기하던 중 그 이유를 깨닫게 되었다. 그것은 사실 내가 인공지능을 적용함에 있어 수많은 분야 중에서 의료 바이오 분야에 응용하고자 했던 동기와 맞닿아 있었기 때문이다. 학자로서 순수수학으로 연구생활을 시작했는데 어느 순간 나는 세상에 고립되어가는 상황에 학문적 고독과 회의감이 서서히 밀려올 때 수학에 기반을 둔 인공지능을 통해 세상 속 소통의 통로를 찾고 있었다. 인공지능 모델과 아키텍처를 연구하는 것만으로도 즐거운 일이겠지만 세상 속으로 들어가기 위해 내 자신에게 인생에서 진짜 하고 싶은 것을 묻게 되었다. 필자는 세상에 무언가 도움이 되고 기여할 수 있는 존재가 되기를 바란 것이고 세상의 수많은 아픈 사람들에게 위안과 도움이 되는 일을 찾고 있었다. 그래서 의료 바이오 분야에서 그 해답을 찾기로 마음먹었고 수학과 인공지능을 활용하여 진단과 치료에 관한 기술 개발을 진행해 왔다. 다시 가제로 돌아가자. 결국 목적과 수단이 바뀐 것이었다. 인간의 행복이 비전이자 목적이 되어야 했다.

1) 의료인공지능의 활약상

우선 의료인공지능에 대해 강연을 준비하게 된 배경으로 그동안 진행해 왔던 일들을 기술한다.

① 2021년부터 질병청과 연계하여 코로나 수리모델링 TF에서 활동했고, 매주 재생산지수 등을 보고하며 정부의 방역 정책을 돕고 있다.
② 고령층에 흔하게 나타나는 혈액암인 다발골수종, 조혈모세포 이식과 관련하여 서울성모병원과 AI 기반 예후예측 모델 구축 및 치료법 추천 등 공동 연구를 활발히 수행해 왔다.
③ 자궁경부암과 폐암 모델을 고신대복음병원과 협업을 하고 있는데, 특히 제3세계 빈곤층을 대상으로 한 공동연구를 진행 중이다.

2. 인공지능이란?

의료인공지능은 의료와 인공지능의 합성어이다. 즉 인공지능을 의료 분야에 적용함을 통칭한다. 따라서 인공지능에 대한 이해에서 출발해야 한다. 인공지능의 역사와 정의, 인공지능의 명과 암에 대해 간략히 알아보자.

1) 인공지능의 역사와 정의

인공지능, 머신러닝, 딥러닝 유사한 말들이 많은데, 여러 방법으로 설명할 수 있지만 인공지능이란 사고나 학습 등 인간이 가진 지적 능력을 컴퓨터를 통해 구현하는 기술이라고 볼 수 있다. 인공지능은 역사 속에서 다양하게 정의되어 왔다. 역사적인 흐름을 따라 정의의 변천사는 생략하기로 한다.

인공지능은 크게 강인공지능과 약인공지능으로 나눌 수 있다. 알파고와 같이 바둑 분야에 특화된 인공지능으로 특정 문제를 해결하기 위해 지능을 구현한다면 이것은 약인공지능이다. 반면에 영화 〈터미네이터The Terminator〉와 〈아이언맨Iron Man〉에서의 가상인물인 터미네이터와 자비스의 경우는 사람과 같은, 또는 그 이상의 지능을 구현하여 인간과 실제 비슷하게 사고하고 해결할 수 있는 인공지능이다. 이렇게 다양한 분야에 보편적으로 활용될 수 있는 범용 인공지능을 우리는 강인공지능이라고 부른다.

그럼 이제 인공지능의 역사를 살펴보자. 인공지능이라는 말은 1956년 미국 뉴햄프셔주에 있는 다트머스대학에서 열린 다트머스 워크숍에서 처음 제시된 용어로 알려져 있다. 이 워크숍에는 수학자와 공학자 등이 모여 약 8주간 '생각하는 기계thinking machine'에 대한 학술적 토론이 있었다. 1956년은 우리나라에서 최초로

텔레비전 방송국이 만들어졌고, 포항시의회가 개회된 해이다.

다트머스 워크숍에 모였던 수학자들은, 학교에서 학습하는 것 혹은 인간의 두뇌와 지능을 이용해서 할 수 있는 모든 것을 기계로 표현할 수 있다고 생각했다. 예를 들어 볼까? 다음과 같이 간단한 명제를 생각해 보자.

"비가 오면 소풍을 가지 않는다."

```
if rain == 1:
        picnic = 0
else:
        picnic = 1
if picnic == 0:
        print("오늘 소풍은 취소 되었어요")
else:
        print("오늘 소풍을 가요")
```

※ 여기서 "1"은 참인 경우를 말하고 "0"은 일어나지 않거나 거짓인 경우를 말합니다.

생각하는 기계의 단순한 예시이다. 비가 오면 야외에서 활동을 할 수 없기 때문에 우리는 소풍 가는 것을 취소하고 다음으로 연기하는 것이 좋다고 생각한다. 그래서 비가 오는 것을 보면 "오늘 소풍은 취소되겠구나"라는 판단을 하게 된다.

이것은 비록 짧은 명제이지만 외부의 현상을 보고 그 현상을 기반하여 판단을 하게 된다는 것을 보여준다. 방금 논의한 것은 사람의 지능이 논리의 흐름에 따라 판단하는 과정이다. 그럼 기계는 이러한 명제에 대해 판단을 어떠한 방식으로 결정할까?

데이비드 힐버트   아인슈타인(왼)과 괴델(오)

기계가 사람의 지능을 모두 표현할 수 있을까?

과연 기계가 인간 지능을 완벽하게 표현할 수 있을까?

데이비드 힐버트가 1928년에 판단 문제라는 문제를 제시하는데 판단 문제는 영어로 decision problem이라고 한다. 이 문제는 "모든 수학적 명제에 대한 참과 거짓의 여부를 이미 알려진 참과 거짓의 명제를 토대로 알 수 있게 해주는 기계를 만들 수 있다"라고 요약할 수 있다. 그런데 놀랍게도 어떤 수학 명제는 기계가 판단할 수 없다는 것을 1931년 수학자 괴델이 증명을 하게 된다. 위의 사진은 프린스턴대학에서 상대성 이론을 만든 아인슈타인과 젊은 시절의 괴델이다.

영화 〈이미테이션 게임〉의 주인공이기도 한 앨런 튜링이라는 수학자는 1936년에 실제로 이런 기계를 어떻게 만드는지를 연구해서 논문을 발표하게 된다. 이 기계를 사람들은 튜링머신이라고 부르는데 이 튜링머신의 원리는 지금의  컴퓨터를 만드는 원리가 된다. 우리가 지금 사용하고 있는 줌이나 한글 프로그램, 유튜브 역시 튜링머신으로 만들 수 있다. 튜링에게 있어 기계는 질문을 했을 때 대답을 해주는 것으로 정의되고 지능이란 대답을 하기 위한 연산을 말한다. 1+2가 무엇이냐고 물어보면 3이라고 기억하지

앨런 튜닝

않고, 연산이라는 알고리즘으로 대답을 하는 것이 지능인 것이다. 다시 말해 인공지능은 사람의 연산을 흉내 내어 대답을 대신해 주는 기계라고 할 수 있다. 튜링은 튜링머신을 만들면서 괴델과 같은 내용의 증명을 하게 된다. 즉 주어진 명제가 참인지 거짓인지 기계가 알 수 없는 명제가 존재한다는 것을 증명하게 된다는 것이다. 만약 사람의 두뇌가 튜링머신이 아니라면 인공지능이 아무리 발전해도 우리가 가진 컴퓨터로는 진짜 인공지능을 만들 수는 없을 것이다. 이렇듯 인공지능은 처음부터 수학적 물음에서 시작한 것임을 알 수 있으며 수학이 인공지능에서 그만큼 중요하다는 뜻이기도 하다.

2) 인공지능의 명과 암

이제 인공지능의 사례를 살펴보자. 사실 인공지능이 우리 산업과 생활에 적용된 예는 너무 방대하기 때문에, 필자와 관련된 두 가지 사례를 소개하려고 한다.

먼저 아야스디^AYASDI 사례이다. 아야스디는 스탠포드대학 창업회사로서, 세계적인 수학자인 구나 칼슨 교수가 **위상수학**이라는 순수수학의 전문성을 빅데이터에 결합하여 데이터 분석 소프트웨어를 만들었고 제자와 함께 스타트업을 창업하였다. 어땠을까? 수학의 전문성을 가지고 창업을 하는 경우는 드물기 때문에 상상이 잘 가지는 않지만 결과는 '대박'이었다. 2008년 설립한 '아야스디'는 2015년에 1억 달러한화 1천150억 원 상당 이상의 벤처 투자금을 확보했다고 하며 잇따른 성공 덕에 인공지능수학이 산업 현장에 파고든 대표적인 사례로 꼽히고 있다.

학문적인 측면에서 봤을 때도, 위상수학이라는 전통적인 수학 분야를 데이터 분석에 적용하여 위상학적 데이터 분석^topological data analysis라는 새로운 분야를 개척하게 되었는데 위상수학은 사실 대학 3학년이나 4학년에 배우게 되는 과목으로 고급수학이라고 볼 수 있다. 간략하게 설명을 하면 위상수학은 연결성이나 연속성 등, 작은 변환에 의존하지 않는 기하학적 성질들을 다루는 수학의 한 분야이다. 쉽게 설명하는 방법으로 공과 도넛은 위상학적으로 다른 기하를 가지고 있다. 왜냐면, 공은 고리가 없고 도넛은 고리가 1개 있어서 도넛은 아무리 연속적으로 변화시켜도 공과 같이 될 수가 없기 때문이다.

그럼, 위상학적 데이터수학에서는 어떤 방법을 통해 기존보다 좋은 성능을 보일 수 있었을까? 실제 현장에서 마주치는 데이터는 대학연구실에서 다루는 데이터와 달리 굉장히 복잡하고 차원이 높은 데이터들이 많은데 위상학적 데이터수학은 이러한 복잡하고 고차원 데이터를 모양과 관련한 성질을 유지하면서 간단한 그래프로 표현하는 방법론이라고 할 수 있다. 따라서, 간단한 그래프 안에서 국소적으로 더욱 정밀하게 분석이 가능해져서 기존보다 성능이 향상된다. 그럼 이제 구체적 적용사례를 보자.

처음 예는 유방암 환자의 유전자 데이터 분석을 통한 암환자 예측 문제이다. 암환자 예측 문제는 유명한 문제이지만 위상학적 데이터 분석 방법을 통해서 기존 대비 정확도를 많이 향상시킨 사례. 기존 방법은 일정 기준을 통한 단순 분류였다면 위상학적 데이터 분석은 국소적으로 더욱 정밀한 관계 분석을 하게 된다

두 번째 예는 금융 분야로서, 대출에 대해 상환 / 체납 데이터 분류 문제에 위상학적 데이터 분석을 적용하였고 이를 통해 자동차 대출 포트폴리오 수행능력을 연간 3천4백만 달러만큼 향상시

킨 예이다.

다음은 산업 분야 특히 포항에 있는 대표적 기업인 포스코 공정 문제에 대한 적용 사례다. 이 과제는 우리 연구실 팀에서 수행했던 연구이다. 포스코하면 세계적인 철강회사로 유명하다. 철원석으로부터 제련될 철을 만들기 위해서는 액체화된 철의 불순물을 제거하는 작업이 중요한데 이러한 불순물을 제거하는 작업은 산화 반응을 통해 이루어진다. 산화 반응을 이용한 전로 내부 불순물 제거 과정에서의 최종 온도 예측 문제는 중요하다.

단순한 온도 예측뿐 아니라 적정 온도를 타깃하기 위한 열배합, 즉 최적화 문제를 해결해야 한다. 여기에는 인공지능 외에도 최적화에 필요한 다양한 수학적 기법들이 적용되었고, 이 모델은 기존 모델을 대체하며 현장에 적용된 포스코 성공사례 중 하나이다.

3) 인공지능의 어두운 면

지금까지 인공지능의 성공사례를 간략하게 살펴보았다면 이제 인공지능의 어두운 면을 들여다보도록 하자.

인공지능은 인간의 지능을 갖춘 컴퓨터 시스템이지만 인간의 지능을 갖추었다고 해서 인간의 모든 지적 행위를 하는 것은 아니다. 알파고처럼 어떠한 인공지능은 바둑에 특화되어 있고, 추천하는 것에 특화되어 있기도 하고, 또 어떤 것은 음성인식에 특화되어 있다. 이 모든 것을 수행할 수 있는 인간과는 다르다. 하지만 특화되어 있는 만큼, 인간보다 더 잘 수행하는 부분도 분명히 존재한다. 하지만 이러한 괄목할 만한 성과에도 불구하고 분명히 어두운 면은 존재하기 마련이다.

경제 분야에 버블이 있는 곳에 위험이 존재한다는 말이 있다. AI가 버블이라는 말은 아니지만 가파르게 성장한 만큼 그 위험성도 빠르게 커지고 있다고 생각한다. AI를 좋지 않은 의도로 사용하여 발생하는 위험이 있을 수 있다. 처음 예시로 인간의 개인정보를 침해하는 AI 감시가 있으며 AI의 내재적인 불안정성으로 인해 발생하는 위험도 있다. 구글에서 흑인을 고릴라로 분류한 이미지 인식 AI와 테슬라의 자율주행차 안전 이슈가 그 예시이다. 우리는 이러한 예시로부터 인공지능이 가질 수 있는 위험성과 윤리적 문제를 들여다볼 수 있다. 따라서, 지금이야말로 인공지능의 위험성 최소화 방안과 올바른 활용방안에 대해 생각해 볼 시점이라고 생각한다.

먼저 구글에서 제공하는 구글에서 제공하는 이미지 AI가 흑인을 고릴라로 인식한 사건을 살펴보자. AI 연구에 대해서 세계 최고의 인프라를 가지고 있는 구글이 이러한 실수를 저지른 이유는

무엇일까? 이 문제는 AI 연구 그 자체에만 집중하기 보다, AI 모델이 사회에 적용되었을 때 일어날 수 있는 문제점에 대해서 우리에게 시사하는 바가 크다고 할 수 있겠다.

다음 예시로 미국 정부에서 승인된 AI를 기반으로 한 predictive policing^{치안}을 살펴보자. 이 AI를 적용함으로써 흑인들이 다수 거주하고 있는 지역에만 집중적으로 감시하는 결과를 가져오게 되었다고 한다. 더 큰 문제점은 이러한 서비스를 제공하는 회사는 스스로를 중립이라 생각한다는 것이다.

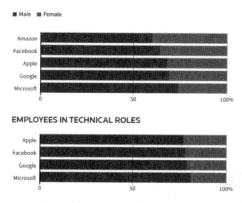

마지막 예는 아마존 채용 AI이다. 여성 체스 클럽, 여대 출신 등과 같은 단어로부터 여성이 들어간 모든 것들을 차별하는 결과를 가져왔다. 위의 차트는 현재 미국 IT 대기업에서 일하는 여성들의 비율을 나타낸 것인데, 현재 적용되고 있는 채용 AI들은 차트의 결과를 그대로 재생성했다고 볼 수 있다.

지금까지 인공지능의 성공사례와 함께 어두운 면들을 살펴보 았는데, 우리는 이로부터 인공지능을 어떻게 사용하는 것이 얼마 나 중요한지를 알게 되었다. 또한 윤리적 이슈, 신뢰성 등 인공지 능 연구와 함께 연구 개발의 방향성에 대한 심각하고 중요한 메시 지를 우리는 얻을 수 있겠다.

3. 우리나라 의료현실과 수요

의료인공지능을 논하기 전에 왜 우리가 의료 분야에 인공지능 을 도입해야 하는지에 대한 질문을 던져 볼 수 있겠다. 여러가지 요인들이 있겠지만 의료현실과 수요라는 측면에서 한번 살펴보도 록 하자. 의료 전문가는 아니지만, 협업하고 있는 의사분들과 의사 과학자분들과 얘기를 하면서 나름의 자문을 얻어 보았다.

일단, 무엇보다 의료전문인의 턱없이 적은 수가 걸림돌이 될 수 있다고 한다. 이로 인한 업무과중은 과실에 의한 의료사고로 이어지고 있는데 이것이 현재 의료계의 현실이라고 한다.

먼저 한국 의료의 현실을 보려면 의료인에 대한 공급과 수요 를 살펴봐야 한다. 2018년 기준 우리나라 임상의사 수는 2.3명으 로 OECD 평균 3.3명에 못 미친다. 한국보건사회연구원 연구보건복

^{지부, 2017}에 따르면, 향후에 보건의료인력 부족 문제가 심화되는데, 2030년에 의사는 7천6백 명, 간호사는 15만8천 명이 부족할거라 예상된다. 현재 우리나라는 연간 의사 진찰 건수는 세계 최다 수준이다. 2018년 한국은 OECD 국가 중 국민 1인당 외래 진료 횟수가 연간 16.9회로 가장 많았다. 결국 의사인력 부족으로 인해 여러 의료 문제가 나타나고 있다. 전공의 부문 간 수급 불균형, 지역 의료기관의 의사 인건비 급등, 공공의료기관의 의사 구인난, 공중보건의 부족으로 인한 공공의료의 위축, 의사인력부족 문제를 해결하기 위한 PA^{physician assistant} 도입 논란 등 현재까지 의료 현장에서 여러 가지 문제가 발생하고 있다.

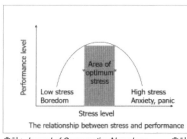

출처 : *Journal of Comparative Neurology and Psychology* 18, pp.459~482

출처 : https://www.khan.co.kr/politics/politics-general/article/201710232213005

그러면 의료인력 수급문제가 결국 환자에게 어떤 영향을 미치는지 살펴봐야 한다. 의료인력이 부족하면 1인당 업무가 늘어나고 이는 높은 스트레스로 이어질 것이다. 스트레스 정도에 따른 의료

생산성은 종 모양의 그래프 형태를 보인다. 너무 낮지도, 너무 높지도 않은 적절한 스트레스일 때에 생산성이 최대가 된다. 하지만 업무과중으로 인해 지나친 스트레스를 받게 되면 생산성이 떨어지게 되고, 이는 곧바로 과실 혹은 의료사고로 이어질 수 있다. 환자 안전 사고 발생현황을 보면 투약, 진료 및 치료, 수혈 등 과실에 의한 의료사고가 적지 않다는 것을 알 수 있다. 의료계는 현재 인공지능의 도움이 필요하다고 할 수 있겠다.

1) 의료인공지능 적용 사례

이제 의료 인공지능을 사례중심으로 살펴보자. 특히 우리 연구팀 연구 개발 사례를 통해 설명하려고 한다. 인공지능이 의료 분야에 어떻게 적용되어 활용이 될 수 있는지에 대한 사례 정도로 이해하자.

첫 번째 사례는 코로나 확산 예측에 관한 인공지능 적용 사례이다. 코로나 확산과 확진자의 중증도 예측을 통해 치사율이 높은 고령층을 포함해 사회 전반에 기여하고자 했다.

(1) 수리모델링과 인공지능을 통한 코로나-19 전파 양상 분석

첫 번째는 코로나 확진자 데이터를 기반으로 감염병 확산을 예측하는 문제이다. 한국에서 방역정책을 시행함에 따라 감염병의 확산 정도가 어떤 식으로 변화하는지, 수학적으로 분석을 진행한 연구이다.

질병관리청 일일 브리핑에서 제공하는 한국 코로나바이러스 확진자와 관련한 데이터를 활용한다. 질병관리청에서 제공하는 한국 전역합계에 해당에서 당일 누적 확진자 수 및 회복 / 사망자 수를 사용하여 감염병 확산에 관한 수학 모델링의 데이터를 수집한다.

사용한 수학 모델은 SIR 모델이며, 세 그룹으로 구성된다. 첫 번째가 감염에 노출 가능성을 갖고 있는 감염 위험군 S, 두 번째 실제로 체내에 바이러스를 갖고 있는 감염군 I, 마지막 세 번째는 회복으로 인해 바이러스에 면역을 갖고 있거나 사망에 의해 더 이상 감염 위험군에 속하지 않는 그룹을 회복군 R로 정의한다. 그래서 SIR 모델이라고 부른다.

문제는 앞서 소개한 SIR 모델의 패턴, 즉 다시 말해서 사람들이 얼마나 감염되느냐인 감염율과 회복되는지를 나타내는 회복율 그

변화 패턴?

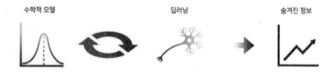

수학적 모델링 패턴 + 컴퓨터의 연산 ➡ 인간이 찾기 어려운 변화 패턴을 관찰

리고 가장 중요한 확산의 지표인 "재생산지수"를 실제 데이터를 이용하여 어떻게 찾을 것인가? 하는 것이다. 여기에서 인간이 모든 패턴에 대한 시뮬레이션을 하기에는 한계가 있고 인간이 찾기 어려운 변화 패턴을 관찰하기 위해 바로 바로 딥러닝을 적용을 한 것이다.

그러면 코로나의 확산 정도를 나타내는 지표인 재생산지수는 어떻게 정의하고 계산할까? 재생산지수를 정의하기 위해서는 먼저 감염율과 회복율을 정의를 해야 한다. 먼저 감염율은 감염위험군에서 감염군으로 이동하는 비율이고 회복율은 감염군에서 회복/사망군으로 이동하는 비율이다. 이후 감염율과 회복율의 비율로 재생산지수를 정의하게 된다.

이렇게 정의한 감염율, 회복율, 재생산지수를 예측해야 하는데, 위 그래프가 바로 인공지능과 수리 모델을 확진자 데이터에 적용해서 감염율, 회복율, 재생산지수를 예측한 것이다. 그럼 앞서 예측한 확산 양상인 재생산지수를 통해 어떤 식으로 방역정책에 영

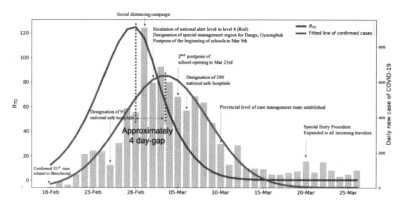

향을 줄 수 있을까? 이에 대해 답하기 위해 우리는 위에 보이는 두 개의 그래프를 비교해 보아야 한다. 하나는 앞서 예측한 재생산지수이고 나머지 하나는 실제 일별 확진자 수 ᵈᵃᵗᵃ 이다. 여기서 중요한 두 가지 점에 주목해 본다.

첫째로, 분명히 2020년 2월 18일 특정 종교의 집단 감염으로 인하여 다수의 확진자가 나타날 것을 예상할 수 있다. 하지만, 예측한 재생산지수가 최대치를 달성한 시점에서 약 4일 이후에 신규 확진자 수가 최대치를 찍고, 예측한 재생산지수와 유사한 경향성으로 감소하기 시작한다. 즉, 실제 확진자 수의 변화양상을 사전에 예측한 재생산지수 그래프를 보면서 추정할 수 있다는 것이다.

두 번째 주목할 점은, 재생산지수의 최대치 이후에, 어떤 방역 정책이 있는지를 살펴보면 사회적 거리두기, 개교 연기, 생활치료 센터설치 등 다양한 정책을 시행한 사실과 매칭이 되고 있음을 확인할 수 있다. 즉 다시 말해서, 저희가 예측한 재생산지수의 증가와 감소를 설명할 수 있는 명확한 시나리오들을 파악할 수 있고 이것을 이용하여 방역 정책의 효율성에 대하여 과학적 검토가 가능하다. 이 연구에는 수학 모델과 인공지능의 적절한 융합 기술이 사용되었다.

(2) 자가 진단을 통한 환자의 중증도 분석

이 연구에서는 질병청으로부터 국내 코로나 환자 데이터베이스를 기반으로 확진자의 중증도를 평가하는 모델 개발에 대하여 소개하려고 한다. 기본적으로, 데이터는 PCR검사를 통해 확진 판정을 받은 확진자의 정보와 사망 혹은 격리해제 여부를 포함하고 있다.

사망과 격리 해제라는 분류 문제를 풀기 위하여 결정나무기반 gradient boosting model로 유명한 XGB Classifier를 사용하였다.

데이터는 질병청에서 제공받은 15만 명의 확진자의 정보인데 크게 세 가지로 구성되어 있다. 환자의 기본정보, 최초 발현 증상, 기저질환 데이터이다.

이 그래프는 모델 성능 평가 결과이다. 약 15만 명의 확진자 데이터 중 8 : 2 비율로 학습과 테스트를 진행하였는데 전체 확진자 중 사망자의 수가 극히 적어서 난이도가 높았다. 데이터의 편향 imbalance이 심각함에도 불구하고 좋은 결과를 보여주고 있다.

최종적으로 학습된 모델을 이용하여 다양한 분석과 활용을 할

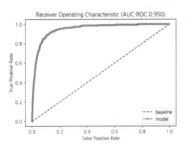
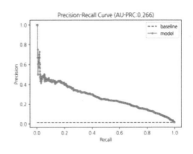

수 있다. 우선, 학습 모델이 중증도를 판단할 때 어느 변수를 얼마나 영향력 있게 사용했는지에 대한 해석이 가능하다. 예를 들어 나이의 경우 고연령일수록 중증도 양성 반응에 기여할 확률이 높게 나타나는 것으로 확인하였다. 이것은 의학적으로 밝혀진 연구 결과와 잘 매칭되고 있음을 확인하였다.

이 모델의 이점과 활용방향에 대해 논의하자. X-Ray나 CT, 혈액검사 등을 활용하여 정교하게 환자의 중증도를 평가하는 모델은 알려져 있다. 다만, 이러한 데이터는 환자 스스로 구하기 어렵고 병원 등 진료소 방문이 필수적이고 경우에 따라서 시간 소모가 많을 수 있다. 특히 국내의 경우는 보건소 혹은 진료소가 잘 구비되어 있으나, 병원 대비 토지가 넓은 타국의 경우 검사를 받거나 중증도를 평가하기에 시간적으로 여유가 없을 수 있다. 이럴 때 우리는 전문 의료진의 진단을 거치지 않더라도 이 모델의 경우와 같이 학습한 모델이 비교적 빠르게 중증도를 체크할 수 있다.

다만, 지금 당장의 시스템 도입이 아니더라도, 환자가 본인의 중증도와 유사한 수준의 기존 환자들이 어디서 진료를 받았는지

참고할 수 있으며 본인의 심각성을 사전에 인지할 수 있는 시스템으로 자리잡을 수 있으리라 생각한다.[1]

(3) 조혈모세포 이식 예후예측 인공지능

다음 사례로서 조혈모세포 이식 후 예후 예측 인공지능을 살펴보자. 조혈모세포는 정상인의 혈액 중 약 1%에 해당되는 세포로 모든 혈액세포를 만들어내는 능력을 가진 원조가 되는 어머니 세포를 말한다. 이 조혈모세포가 부족하거나 비정상인 경우 건강한 혈액세포를 만들어내지 못해 큰 문제가 생긴다. 이러한 경우 건강한 조혈모세포를 이식하는 방법을 통해 치료를 하게 되는데 이것을 조혈모세포 이식 이라고 한다. 특히 백혈병과 같은 혈액암을 근본적으로 치료하기 위해서 조혈모세포 이식 방법을 사용한다. 그런데 이러한 조혈모세포 이식의 합병증으로 간정맥 폐쇄질환이나 동정맥 폐쇄증후군이 잘 알려져 있는데 이는 매우 높은 사망률을 보이는 합병증으로 이식 및 치료 과정에서 꼭 예방해야 하는 큰 숙제라고 볼 수 있다. 우리 연구팀에서는 이 합병증에 대한 위험도와 이식에 따른 조기 사망률100일 이내 사망을 예측하고 더 나아가 이

---

1   위 연구를 기반으로 2021~2022년 매주 혹은 격주 질병관리청에 코로나 유행 예측 관련 결과를 보고하고 정책결정에 기여한 공로로 2022년 11월 질병관리청 유공 포상을 수상하였다.

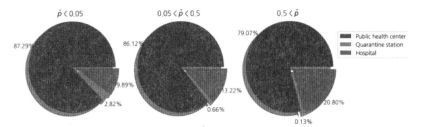

환자의 중증도에 따른 진료기관 분포 차트

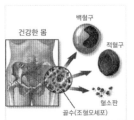
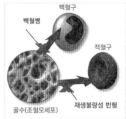
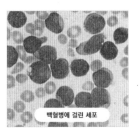

출처 : 가톨릭 조혈모세포은행(https://www.chscb.org/kr/)

를 예방하기 위한 최선의 치료법을 알아내기 위해 인공지능 모델을 사용하였다. AI가 예측한 환자의 위험도 분포는 위와 같다. 여기서 점선은 상위 25%에 해당하는 점수이며 실선은 하위 25%에 해당하는 점수이다. 연구팀에서는 이러한 선을 기준으로 환자를 세 그룹으로 나누었다.

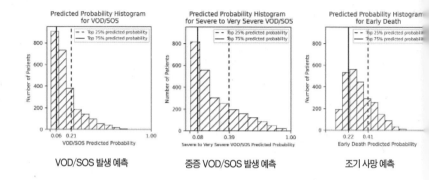

| VOD/SOS 발생 예측 | 중증 VOD/SOS 발생 예측 | 조기 사망 예측 |

그룹1 : < 25%^{저위험군}

그룹2 : 25% < ~ < 75%^{중간위험군}

그룹3 : ~ > 75%^{고위험군}

이러한 세 그룹의 실제 합병증 발생 및 조기 사망이 일어났는지 여부를 확인하는 것을 목표로 했다.

다음의 그래프는 인공지능으로 예측한 세 그룹의 합병증 및 조기 사망 발생률을 나타낸다. 기존의 고전 지표에 비해서 세 그룹을 분명하게 나누어 내고 있다. 실제 기존 고전 지표의 경우 AUROC가 0.55에 불과하여 병원 환자의 예후 예측에 적합하지 않지만, AI 모델의 경우 발생 예측 AUROC가 약 0.75~0.8 정도의 정확도를 얻었다.참고 : 환자수가 약 2,300명, cross validation을 이용하여 검증 이는 위험 환자들의 관리를 좀 더 명확하게 할 수 있는 기준을 제시한다고 볼 수 있다.

더 나아가 연구팀은 앞서 개발한 인공지능을 이용한 환자 별 맞춤형 치료방안 추천을 수행하였다. 각 환자별로 AI가 맞춤형 치료 방법을 추천해 주었는데, 환자들을 AI 모델이 추천한 치료 방안과 실제 치료에 수행된 방안이 어느 정도 일치하는지에 따라 그룹을 세 개로 나누었다.

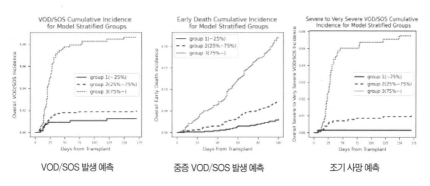

VOD/SOS 발생 예측   중증 VOD/SOS 발생 예측   조기 사망 예측

그룹 1 : AI 추천 치료 방안을 4~5개 따름

그룹 2 : AI 추천 치료 방안을 2~3개 따름

그룹 3 : AI 추천 치료 방안을 0~1개 따름

이런 방식을 통해, AI를 신뢰하고 치료방법을 동일시한 집단과 그렇지 아니한 집단으로 나누어 실제 예후 결과를 비교해 보는 것으로 치료 방법 추천의 효과를 검증해 보도록 한 것이다.

그래프에서 확인할 수 있듯이 AI 치료 방안을 따른 그룹이 그

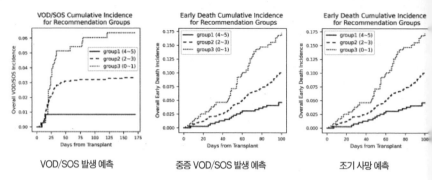

| VOD/SOS 발생 예측 | 중증 VOD/SOS 발생 예측 | 조기 사망 예측 |

렇지 않은 그룹에 비해 효과적으로 합병증 발생 및 사망률을 줄일 수 있었다. AI의 추천 대로 치료를 받은 집단의 경우 합병증 발생을 크게는 1/6 이상으로 줄일 수 있었으며 조기 사망률 또한 1/5 정도로 줄일 수 있었음을 확인할 수 있다.

(4) 병리세포기반 자궁경부암과 폐암 진단 인공지능

마지막 사례는 병리세포 이미지 데이터를 기반하여 자궁경부암과 폐암을 진단하는 인공지능 모델을 소개하고자 한다.

자궁경부암과 폐암 진단 AI는 의료계에서 사용하는 이미지 형태의 데이터들을 분석하여 이미지 내의 병변 색출 및 양성과 악성을 구분해주는 작업을 도와줄 수 있다. 주로 영상의학에서 사용되는 이미지들, X-Ray나 CT, PET-CT 이미지들을 사용하여 병변을 분석하는 모델을 구축하게 된다. 예시를 들어보자면, 폐에 있는 종양이나 자궁경부암을 진단하기 위해 X-Ray, CT, 혹은 표피 세포 채취를 통한 세포 슬라이드 이미지를 얻게 된다. 이를 영상의

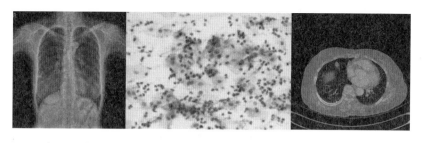

학 교수님들이 보고 판단하여 이 부분이 종양인지, 만약 종양이라면 악성인지 양성인지를 판단하게 된다. 하지만 이러한 영상 이미지들이 하루에도 수백 장씩 들어오게 되고, 그중 대부분이 육안으로 판별 가능한 수준의 병변들이다. 그렇기에 영상의학 교수님들이 모든 이미지를 다 판단하는 것은 비효율적이라고 볼 수 있다.

특히 표피세포 채취를 통한 슬라이드 이미지는 매우 큰 이미지를 다 훑어보는 작업이기 때문에 세포들이 뭉쳐 있는 부분이나 색이 확연히 달라 보이는 부분을 중점적으로 보게 된다. 따라서 사람이 이미지 전체를 다 스캔하는 것은 비효율적인 작업일 수 있다.

그래서 이 인공지능은 비교적 단순하고 쉬운 문제들에 대해 답을 제시해주면서 작업 효율을 높여주는 역할을 담당하게 된다.

이러한 진단 AI를 학습시키는 과정은 다음과 같다. 먼저 AI를 학습시키기 위해서는 많은 양의 데이터가 필요하다. 따라서 인공지능 모델을 만들기 전, 실제 의사분들이 작업하신 이미지 및 병변의 정보를 수집하게 된다. 수집한 병변 이미지들을 모델에 학습시키는데, 이 모델은 수많은 병변 이미지들을 보면서 병변의 모양, 다른 세포 들과의 색 차이, 크기 등을 종합적으로 학습하게 된다. 모델이 충분히 학습된 이후에는 새로운 이미지에 모델을 적용하게 되면 모델이 이 이미지에서 기존의 다른 이미지에서 보았던 병변들의 특징을 새 이미지에서 찾으려 하게 되고, 비슷한 부분을 색출하면서 병변으로 인지하게 된다. 이렇게 학습된 진단 AI는 많은 이미지를 한번에 처리할 수 있게 되고, 신뢰할 수 있기 때문에 의료진들의 효율성이 증가하게 된다.

특히 잦은 반복 작업으로 인한 실수를 줄일 수 있고, 전문성이 필요한 작업에 더 집중할 수 있게 된다. 또한 제3세계의 경우, 인터넷이 안 되는 곳이나 우수한 의료진이 없는 환경 등 양질의 의료 서비스를 받기 힘든 환경 속에서도 AI를 활용하여 더욱 수준 높은 의료 서비스를 제공할 수 있다. 실제 이 프로젝트는 우리 팀이 고신대 병원과 스와질랜드와 같은 제3세계를 위해 생명 살리기 미션을 시작한 큰 계기가 되었다.

4. 의료인공지능의 비전

지금까지 인공지능과 의료인공지능을 살펴보았다. 마지막 파트로 내가 생각하는 의료인공지능의 비전과 방향에 관한 세 가지를 공유하고자 한다.

첫 번째는 제3세계와 함께 하는 의료인공지능이다.

먼저 역사 속에서 의료 인프라가 부족한 제3세계 국가를 위해 개발된 자동화와 인공지능 개발 자취를 잠깐 살펴보도록 하자. 의료 인프라가 부족한 제3세계 국가를 위해 개발된 인공지능의 역사의 자취를 따라가 보자.

1980년대 중반부터 제3세계를 위한 자동화된 의료 시스템을 위한 연구가 이루어져 왔다. 먼저 1980년대부터 AI기술의 발달 이전까지 역사는 아래와 같다.

- 실명으로 이어질 수 있는 안과 질환을 진단하는 시스템 이집트, 1986

- 외래환자를 대상으로 한 중증환자 진단 시스템 잠비아, 1987

- 자동화된 처방 알고리즘 개발 남아프리카, 1992

AI기술이 발달하면서 그 범위가 확대되고 있다. AI기술의 발달하기 시작한 때부터 현재까지 역사는 다음와 같다.

- 출산질식birth asphyxia을 진단하는 기계학습 알고리즘 나이지리아, 2019

- 당뇨망막병증을 진단하는 인공지능 시스템 잠비아, 2019

- 가짜 약fake drug를 가려내는 인공지능 알고리즘 나이지리아, 2019 : 2018년 실리콘밸리
  컨테스트 우승

우리 연구팀도 이와 같은 사명감을 공감하면서 제3세계를 위해서 연구 개발을 진행하고 있다.

의료인공지능이 추구해야 하는 두 번째 방향은 **신뢰성과 투명성**이라고 생각한다.

이것은 "AI가 과연 믿을 만한 친구인가"라는 질문에서 시작한다. AI는 결코 편향성과 노이즈에서 자유로울 수 없다. 이를 위한 해결방안으로써 불확실성 정량화가 있는데 이는 AI 모델의 불확실성을 정량화하여 사용자가 선택적으로 그 결과를 받아들일 수 있게 한다.

모델이 얼마나 편향적인가epistemic와 얼마나 노이즈가 많은가aleatoric를 답하는 것이 투명한 의료인공지능 개발의 첫 단추가 될 것이다. 불확실성의 정량화를 AI 모델에 도입한 사례를 살펴보면 아래 그림에서 볼 수 있듯 딥러닝 기반의 허혈성 뇌졸중ischemic stroke 예측 모델이 있다. 모델 스스로 사용자에게 AI 결과의 신뢰도를 제공하고 있다.

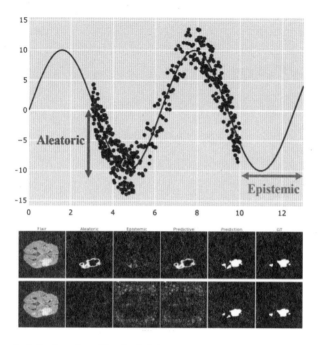

마지막 의료인공지능의 비전은 **정밀 의료로의 도약**이다.

이제 의료 데이터뿐 아니라 이를 넘어 생명 데이터로 도약해서 차세대 의료 트렌드를 혁신할 것으로 기대한다. 최근 사례는 그 가능성을 시사하고 있는데, 단백질 구조 예측이 가능한 알파폴드 2 인공지능에서 이를 엿볼 수 있다. 이것은 구글 딥마인드에서 개발하였다.

위 그림은 각각 인공지능 모델이 예측한 것과 실험을 통한 단백질 구조이다. TM score와 r.m.s.d. 두 가지는 인공지능이 실제 단백질 구조를 얼마나 잘 예측했는지를 측정하는 지표라고 생각하

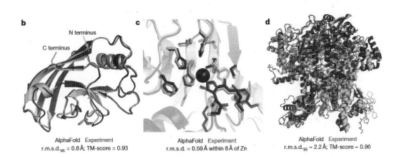

AlphaFold Experiment
r.m.s.d.₉₅ = 0.8Å; TM-score = 0.93

AlphaFold Experiment
r.m.s.d. = 0.59 Å within 8Å of Zn

AlphaFold Experiment
r.m.s.d.₉₅ = 2.2Å; TM-score = 0.96

면 된다. 실제 알파폴드2는 실험을 통한 단백질 구조예측과 비슷한 정확도를 구현하고 있다. 따라서 신약 개발, 암 진단, 맞춤형 약 개발 등 차세대 의료 트랜드에서 게임 체인저가 될 수 있는 인공지능 모델로 기대하고 있다.

이러한 기대감으로 단백질 구조 예측에 본격적으로 투자가 시작되었다. 알파폴드2 개발팀은 단백질 데이터베이스 구축을 진행하였으며 European Bioinformatics Institute와 협업하여 데이터 구축 중에 있다. 다양한 단백질 구조 데이터가 수집되면서 알파폴드2가 예측하지 못하는 특정 단백질 구조까지 보안할 계획이라고 한다. 따라서 의료 데이터를 넘어 다양한 생명 데이터가 수집되고 있는 시점이야말로 세상을 바꿀 수 있는 인공지능 모델 개발의 기회를 찾아야 할 때라고 생각한다.

5. 맺으며

바이오·의료인공지능을 통해 인간이 무엇을 기대하고 꿈꿀 수 있을까? 인공지능이 바이오·의료 분야에 적용될 때, 그것이 인간의 생명과 건강에 직접적인 관련이 있으므로 투명하고 신뢰성 있는 방향으로 활용되는 것은 아주 중요하다고 볼 수 있다. 뿐만 아니라 처음 의도와는 달리 인공지능이 윤리적으로 옳지 않는 방향으로 사용되는지 혹은 그러한 결과로 이어질 수 있는지를 의료 전문가와 함께 상시 모니터링을 하면서 주의할 필요가 있다.

인공지능은 이제 단순한 도구가 아니라 인간과 함께 소통하며 세상의 일부로 살아가야 하는 시대로 접어 들었다. 따라서 인공지능의 무한한 활용성을 통해 전에는 볼 수 없었던 기술혁신과 세상의 가치를 발견할 수 있다. 하지만 그 발전의 속도만큼 어둡고 위험한 요소들이 있을 수 있음을 간과하지 말고 잘 인지하고 대응하는 것이 우리가 인공지능시대를 지혜롭게 살아갈 방식이라고 볼 수 있겠다.

제5장
AI 아트가 바꾸는 예술
허윤정

1. 들어가며

기술은 모든 예술 활동의 근간이 되는 열쇠 가운데 하나이다. 기술은 우리의
생각을 전달하는 수단이면서 동시에 장애이기도 하다. 바로 이 점 때문에 생
기는 긴장이야말로 모든 예술 작품에 생명을 부여하는 것이다.

— 빌 비올라Bill Viola

오래전부터 예술가들은 상상력을 구현하려는 욕망에 따라 기
술과 불가분의 관계를 맺어 왔다. 예술가들은 새로운 기술의 가능
성을 예술 안에서 탐색해 오면서 예술적 상상력을 기술을 통해 구
현해 왔다. 예술은 정신 활동이지만 기술을 통해 구현된다. 그러나
기술만으로 예술이 될 수 없다. 예술가들은 기술의 장애와 저항을
극복하며 기술을 자기 것으로 내재화하여 예술의 가능성을 확장
해 왔다. 인공지능기술도 그중 하나의 기술이다. 새로운 기술들이
속속 발명되는 오늘날 인공지능기술이 예술과 만나 어떻게 작품
세계가 확장해 나가는지를 알아보고자 한다.

인공지능기술을 기반으로 전개되는 작품들이 어떠한 알고리즘
하에 전개되는지 소개하며 과연 이러한 작품들이 미술인지 아닌
지에 대한 논의를 다루고자 한다. 이어서 현재 미디어 아트의 한

주제로 다루어지는 인공지능 작품들을 '도구를 기반으로 하는 인공지능미술'과 '매개를 기반으로 하는 인공지능미술'로 나누어 디지털 매체의 형식적 특성으로 소개하면서 매체 지각의 함의를 다루고자 한다.

2. 인공지능 작품 제작 알고리즘

2018년 파리에 기반을 둔 예술 단체인 오비어스Obvious는 에드몽 드 벨라미Edmond de Belamy라는 인공지능기술을 사용한 작품을 발표하였다. 이 작품은 감성적 물감 처리로 그려진 흐릿한 남자의 프린팅 초상화로 기계에 의해 생성된 느낌이 들지 않는다.

전통적으로 회화 작품의 하단에는 작가의 서명이 들어가는데 이 작품의 경우 하단에는 아래와 같은 공식이 있다.

$$\min_{G} \max_{D} E_x \left[\log D(x) \right] + E_z \left[\log \left(1 - D \left(G(z) \right) \right) \right]$$

이 공식은 작품을 생성한 알고리즘 코드의 일부이다. 이 서명을 통해 이 작품이 인공지능에 의해 제작된 작품이라는 단서를 얻을 수 있다. 이 작품이 유명해진 이유는 크리스티Christie's 런던 경매에서 43만 3천 달러, 즉 5억 정도에 판매되었기 때문이다. 그러나 더 놀라운 것은 인공지능기술이 삶의 전반에 영향을 미치고 있지만,

인간의 감수성과 영감을 통해 창작이 이루어지는 예술 분야에 영혼이 없는 차가운 기술로 인식되는 인공지능이 도전하고 있다는 사실이다. 어떤 면에서는 인류에 대한 큰 도전처럼 비칠 수 있다.

인공지능기술은 인간의 뇌를 증강하는 기술이다. 자동차는 인간의 발의 한계를 극복하고 그 기능을 증강한 기술이고 텔레비전은 인간의 눈을 증강한 매체라면 인공지능은 인간의 뇌를 증강하는 기술이다. 인간이 가지고 있는 학습능력, 추론능력, 지각능력, 그리고 자연언어의 이해능력 등을 컴퓨터 프로그램으로 실현한 기술인 것이다. 이 기계가 새로운 것을 만들어내는 것을 넘어 예술 수준의 창작을 해내면서 이것이 만만치 않은 기술이라는 것을 사람들이 실감하게 되었다. 1950년대부터 전문가 시스템에서 시작한 인공지능기술은 컴퓨터가 인간처럼 사고하고 언어를 해석할 수 있을 거라고 기대했다. 그러나 예상외로 이러한 방식이 큰 성과를 거두지 못하고 연구가 진척되지 않았다. 이에 인공지능에 대한 관심과 기술 개발에 대한 지원이 끊기는 꽤 긴 혹독한 시기가 있었다. 혹한기는 인공지능의 완벽한 프로그램 개발에서 좀 더 세부적이고 현실적 과제에 집중하는 연구 패러다임의 전환으로 극복되었고 자동번역, 영상처리, 음성인식, 자율주행 등의 영역에서 성과가 나타났다.

인공지능기술은 1980년대에는 인공신경망, 1990년대 기계학습을 지나 2010년대부터는 딥러닝Deep Learning이 대두되면서 꽃을 피우기 시작했는데 온 인류가 목격한 인공지능기술 역사상 중대한 전환점은 2016년 3월에 있었던 천재 바둑기사 이세돌과 구글의 알파고AlphaGo 대국에서 인공지능이 4대 1로 완승한 것이었다. 앞서 본 에드몽 드 벨라미 작품은 딥러닝 중 GAN을 사용한 사례이다.

GANGenerative Adversarial Network은 생성적 적대 신경망의 약자이다. 이 세 글자의 뜻을 풀어보면 GAN에 대해 이해할 수 있다. 첫 단어 '생성적Generative'은 생성Generation 모델로서 '그럴듯한 가짜'를 만들어내는 것을 의미한다. 실제 같으나 실제에는 존재하지 않는 그럴듯한 사람 얼굴 사진을 생성하거나 실제로 있을 법한 강아지 사진을 만들어내는 것이 생성 모델의 사례이다. '그럴듯하다'라는 것은 실제 수학적 데이터의 분포와 비슷한 분포에서 나온 데이터로 정의내릴 수 있다. 실제와 비슷하다고 말할 수 있다. 수학적으로 생성 모델의 목적은 실제 데이터 분포와 근사한 것의 생성이다. 수많은 초상화 데이터에 기반하여 생성 모델은 그럴듯한 사람 얼굴을 생성하게 된다. 두 번째 단어인 '적대적Adversarial'은 두 개의 모델을 적대적으로 경쟁시키며 발전시킨다는 것을 의미한다. 처음 GAN을 제안한 이안 굿펠로Ian Goodfellow는 〈그림 1〉과 같이 GAN을 위조지폐범과 경찰에 비유했다. 위조지폐범과 경찰은 각각 생성자와 판별자로서 적대적인 경쟁 관계에 놓여 있다. 위조지폐범은 경찰을

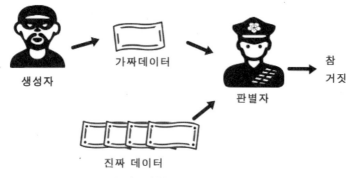

〈그림 1〉 생성적 적대 신경망(GAN)

속이기 위해 실제 지폐와 같이 제조하기 위해 위조 기술을 발전시키고, 경찰은 위조지폐를 판별하기 위해 점점 위조지폐를 찾는 기술을 발전시킨다. 이러한 과정이 되풀이되면서 위조지폐범의 기술은 완벽에 가깝게 발전하게 된다. 이처럼 GAN은 위조지폐범인 생성자Generator와 경찰인 판별자Discriminator를 경쟁적으로 학습시킨다. 생성자의 목적은 그럴듯한 가짜를 만들어서 판별자를 속이는 것이며, 판별자의 목적은 생성자가 만든 가짜와 진짜를 구분하는 것이다. 이 둘을 함께 학습시키므로 결국 진짜 같은 가짜를 만들어내는 생성자를 얻게 되며 이것이 GAN의 핵심적인 아이디어이다. GAN은 1초에 16,500장 정도를 생성한다. GAN의 마지막 단어인 '네트워크Network'는 이 모델이 딥러닝Deep Learning으로 만들어졌음을 나타낸다. 에드몽 드 벨라미 작품은 14~20세기에 걸쳐 제작된 초상화 15,000여 점을 학습시킨 결과로 만들어진 작품이다. 〈그림

〈그림 2〉 14~20세기에 걸쳐 제작된 초상화 사례

2〉는 14~20세기의 걸쳐 있는 초상화 작품들을 무작위로 모아 놓은 것이다. 미술사적으로 볼 때 르네상스, 바로크, 로코코, 신고전주의, 낭만주의, 사실주의, 그리고 전통과 결별한 20세기의 모더니즘의 작품들을 학습시키고 나온 결과물이다. 오비어스 예술 단체는 에드몽 드 벨라미를 포함하여 10명 정도의 가상의 벨라미 일가의 초상화를 GAN 알고리즘에 기반하여 제작하였다.

GAN의 다른 사례로 더 넥스트 렘브란트The Next Rembrandt[1]가 있다. 마이크로소프트, 렘브란트미술관 그리고 네덜란드 과학자들이 함께 렘브란트 화풍을 그대로 재현하는 인공지능을 개발하였다. 안면 인식 기술을 활용해 렘브란트의 작품 346점을 분석하고 그가 자주 사용한 구도나 색채 그리고 유화의 붓 터치의 3D 질감까지 인공지능의 딥러닝 기술을 통해 그대로 살려, 렘브란트가 직접 그린 것처럼 새로운 작품을 만들어 내는 프로젝트이다. 사용자가 몇 가지 기준을 지정하면 렘브란트 화풍의 새로운 초상화를 창작해 낸다. 예를 들어 하얀 깃 장식과 검은색 옷을 착용하고 모자를 쓴 30~40대 백인 남성을 렘브란트의 화풍으로 그리라고 요구하면 GAN 알고리즘에 의해 학습한 내용을 바탕으로 렘브란트 화풍의 남자 초상화를 그려낸다. 렘브란트는 평생에 100여 점의 자화상을 그렸는데 〈그림 3〉은 그 중 일부의 작품들로 그의 작품적 특성을 파악할 수 있다. 그는 빛과 어두움의 강한 대비와 거칠고 강한 붓 자국을 사용하여 인간의 내면적 심리를 드러내는데 탁월성을 가진 작가이다.

GAN은 인간이 작품을 창작하는 방식을 사용한다. 인간은 작품을 제작하는 과정에서 새로운 것을 창작하는 동시에 감상자의 역할을 한다. 즉 자신의 작품을 판단하면서 교정하고 수정해 나간다. 이러한 메커니즘을 모방한 GAN은 분명 의미가 있고 새롭다. 이러한 GAN을 진화시켜 더 혁신적인 방법을 제시하여 CAN을

---

1   https://www.nextrembrandt.com/

<그림 3> 렘브란트의 자화상 사례

개발한 사례가 있다. 미국 럿거스대학Rutgers, The State University of New Jersey 과 페이스북은 적대적 창조 신경망인 CAN을 개발하여 'AICAN' 이라 명명하였다. AICAN은 AI Creative Adversarial Network의 약 자로 럿거스대학의 아흐메드 엘가말Ahmed Elgammal과 마리언 마조네 Marian Mazzone 교수팀은 특정 화가 작품의 화풍을 따르는 GAN과 달 리 새롭고 창조적 예술 작품을 창작하는 AICAN을 제시하였다.[2] 그들은 AICAN은 GAN이나 더 넥스트 렘브란트와는 격이 다른 'AI 화가'라는 주장하였다.

CAN도 GAN과 같이 기존 데이터의 패턴을 다 익히는 데서 시 작한다. 15~20세기에 걸쳐 미술사에 등장하는 1,119명의 예술가

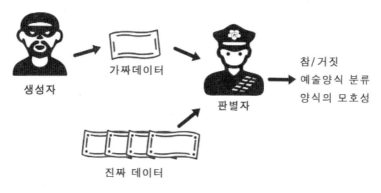

〈그림 4〉 적대적 창조 신경망 CAN

에 의해 제작된 81,449점의 작품을 인상주의, 야수파, 팝아트 등 25개의 양식별로 분류하고 화가들의 스타일을 학습한 후 예술 범위 안에 속하되 기존 스타일과는 최대한 다른 그림을 생성하는 것이 특징이다. 즉 기존에는 없는 새로운 이미지를 생성하되 이 새로운 이미지가 예술 범위를 벗어날 정도로 새로워서는 안 되는 것이다.[3] 〈그림 4〉와 같이 CAN도 GAN과 같이 생성자와 판별자, 두 개의 신경망으로 이루어져 있다. 판별자는 생성자가 만든 이미지를 예술인지 아닌지를 판단하는데, 그것은 자신이 이미 습득한 기존 예술 작품인지 아니면 생성자가 만들어낸 이미지인지를 판단

---

2   Elgammal, Ahmed et al., "CAN : Creative Adversarial Networks, Generating 'Art'
     by Learning About Styles and Deviating from Style Norms", 8th ICCC(International
     Conference on Computational Creativity), 2017.

3   Ibid..

한다는 것이다. GAN과 달리 CAN의 판별자는 한 가지 일을 더 부여받아 생성자가 만든 이미지가 25개의 예술 양식 중 어디에 속하는지도 분류한다. 생성자 신경망은 25개의 예술 양식 데이터에 접근하지 못하기에 이 데이터의 이미지를 수정, 변형하거나 혼용하지 못하지만, 자신이 생성한 이미지가 판별자를 잘 속여 예술품으로 분류되었는지 아니면 그렇지 못했는지에 대한 판별자의 피드백을 받는다. 피드백을 통해 생성자는 판별자를 더 잘 속일 수 있는 이미지를 생성하게 된다. 또한 생성자는 생성한 이미지가 기존 예술 양식 중 어느 하나에 분류되었는지에 대한 여부와 어떠한 양식에 분류되었는지에 대한 피드백도 받는다. 생성자가 생성한 이미지를 때로는 판별자가 25개의 예술 양식 중 하나로 분류하지 못하는 경우도 있는데 이를 양식의 모호성^{style ambiguity}이라 한다.[4] 이러한 양식의 모호성에 대한 결과도 피드백으로 받는다. 두 신경망이 경쟁하면서 점점 더 인간 예술 작품과 비슷하지만, 기존 양식의 분류에 속하기 힘든 모호한 양식의 이미지를 생성하게 된다. 즉 이미 확립된 스타일에 가깝게 모방하면 오히려 벌점을 주는 시스템이다. 따라서 CAN의 결과물은 렘브란트풍이나 고흐풍의 이

---

4   김전희·김진엽, 「인공지능시대의 예술 창작 – 들뢰즈의 예술론을 중심으로」, 『예술과 미디어』 19(2), 2020, 81~112면.

미지가 아닌 전에 없던 이미지로 생성된다.

AICAN + 아흐메드 엘가말Ahmad Elgammal 작가의 〈얼굴 없는 초상화Faceless Portrait #2〉를 보면 인물을 그린 작품인데 어느 양식에도 속하지 않는 독특한 스타일로 그려졌다. 구상과 추상이 혼성된 작품이다. CAN의 결과물은 특히 특정 작가의 추상이기보다는 전반적인 추상미술을 모방한 결과물이 다수인데 2018년작 〈열렬한 처음Tropical Inception〉은 어디서 본 듯은 하지만 그렇다고 누구의 스타일이라고 명명할 수 없는 특성을 드러낸다. 그래서 GAN에 비해 CAN으로 작업한 결과물에 대해 사람 중 75%가 인공지능 작품이라고 인지하지 못한다고 한다.

3. 인공지능미술, 미술인가 아닌가

지금까지 GAN을 기반으로 작업한 에드몽 드 벨라미 작품과 더 넥스트 램브란트, 그리고 CAN을 기반으로 한 작품에 대해 소개했다. 이러한 작품들을 보면서 자연스럽게 드는 의문이 있다. '과연 인공지능 작품을 미술 작품으로 볼 수 있는가 아닌가'이다. 이에 대해서 다양한 의견들이 있다. 인공지능 작품을 미술로 보는 시각도 있고 그렇지 않은 시각이 공존한다. 혹자는 인공지능 작품이 보

〈그림 5〉〈빌렌도르프의 비너스〉,
BC 25000~20000

여주는 결과만을 보았을 때 인간 작가의 영역에 거의 도달하거나 넘어섰다고 평가한다. 한 평론가는 미술 시장에서 AI를 어느 범주에 놓을지에 대한 논의의 필요성을 언급하기도 한다. AI를 작가로 볼 수는 없지만, 미술계에 영향력은 클 것이라는 시각도 있다. 이러한 비교적 긍정적 시각도 있지만, 대다수가 인공지능 작품을 인간의 작품과 같은 반열에 놓을 수 없다고 본다. 인공지능 고유의 창의성에 의한 창조물이기보다 인간이 제공한 정보의 새로운 조합이라는 입장이다. 게다가 인공지능이 렘브란트의 화풍을 그대로 모방해 정교하게 그의 화풍으로 그림을 그린다 해도 렘브란트 작품의 가치를 갖는 것은 아니기 때문이다. 그 작품에는 렘브란트의 정신과 생애와 시대적 맥락성이 없다. 그래서 어떤 작가는 AI 작품에는 예술가의 혼이나 삶이 없기에 미술이 아니라는 부정적 시각을 제시하기도 한다. 즉 딥러닝이라는 학습의 결과물로만 존재하지 거기에는 예술가로서의 삶과 이야기가 존재하지 않는다는 점에서 미술이 아니라는 입장을 취한다. 아무리 기술적 완성도가 있고 아름답게 보일지라도 복제가 가능한 공산품이지 예술품이 아니라는 것이다. 뉴욕타임스는 AI와 협업해온 많은 작가가 에드몽 드 벨라미의 초상화는 독창적인 작품이 아니라는 견해를 밝혔다고 보도하기도 했다.[5] 그러나 인공지능기술이 발달하게 되면 더 진화된 인공지능은 인간의 개입 없이 창의적 예술 작품을 제작할 수 있다는 의견도 있다. 오히려 기존의 미술과 예술 작품 그리고 창의성에 대한 개념 수정이 필요하다고 말한다.

이러한 질문들은 결국 미술이란 무엇인가라는 질문에 다다르게 된다. 지금 '미술'이라 불리는 것은 근대의 발명품이다. 서구 사회가 근대화되면서 미술이라는 개념이 생성되었다. 근대 이전의 물품들은 그 당시 문화에 의해 차용되어 미술로 변형되었다. 즉 미술이라는 카테고리에 포함된 것이다. 〈그림 5〉의 〈빌렌도르프의 비너스〉는 기원전 25000~20000년에 주술적 목적 즉 다산을 염원하는 목적으로 만들어진 결과물이다. 그 당시 이 물품을 만든 사람은 이것이 미술품이고 자기 자신은 예술가라는 인식이 있지 않았을 것이다. 그러나 근대 시기에 이 물품은 미술사에 편입되었다. 비너스가 지니는 의미와 가치는 예술제도 안에서, 말하자면 이 작품을 상세히 기술한 미술사를 통해서 만들어졌다.[6] 요한 빙켈만Johann Winckelmann은 1764년 『고대 미술사』를 출판하였고 이 책은

---

5   https://www.yna.co.kr/view/MYH20181027011200038

미술사의 기초를 제공하게 되었다. 미술뿐 아니라 미술사도 결국
은 300년도 되지 않은 근대의 발명품인 셈인 것이다.

근대의 발명품인 미술은 모더니즘 시기를 지나 포스트모더니
즘 시기에 와서는 이제 각자 예술가가 규정해야 하는 개념이 되었
다. 들뢰즈는 "모든 위대한 예술가는 예술사를 요약하는 자기 고
유 방식이 있다"라고 하였다. 이것은 미술이라는 개념이 상대화되
었다는 것을 의미한다. 그래서 미술대학에서 박사논문을 쓸 때 학
생들은 자신의 미술에 대한 정의부터 내리고 작업 세계에 대한 담
론을 풀어나간다. 인공지능미술에 대한 정의도 이렇게 열려 있다
고 본다. 즉 미술일 수 있다.

그렇다면 창작 면에서는 어떠한가. 인공지능이 인간처럼 예술
작품을 창작 할 수 있는 것인가에 질문이 있을 수 있다. 미술이라는
영역에서 창작의 패러다임은 계속 확장해 왔다. 모더니즘 시기에
와서 새로운 창작 패러다임을 연 작품이 있다.

〈그림 6〉의 〈샘Fountain〉은 마르셀 뒤샹Marcel Duchamp이 남자 소변
기를 좌대 위에 올린 후 'R, MUTT리처드 뮤트'라고 사인을 하고 샘이
라고 명명한 1917년 다다이즘dadaism의 작품이다. 다다이즘은 제
1차 세계대전 발발 이후 등장한 사조로서 인간의 이성과 합리성

---

6   메리 앤 스타니스제프스키, 박이소 역, 『이것은 미술이 아니다』, 현실문화연구, 2011.

을 기반으로 발전한 서양 문명이 결국 전쟁으로 귀결되자 합리주의 문명인 그 당시 사회 체제, 정치, 예술을 완전히 부정하고 파괴하려는 운동이었다. 이 작품도 그러한 의도에 의해 그동안 예술이 될 수 없었던 사물이 좌대에 올려진 것이다. 뒤샹은 기존 예술의 개념을 부정하기 위해 이렇게 변

〈그림 6〉 마르셀 뒤샹, 〈샘〉, 1917

기를 가져온 것이다. 이것은 창작에 대한 새로운 패러다임을 열게 된다. 인간의 손으로 직접 창작하지 않은 대량생산된 '복제품'이 예술 안으로 들어오게 되었고 손으로 직접 창작하지 않고 단지 '선택'했다는 이 행위가 예술 개념 안으로 들어오게 되었다. 게다가 어떠한 결과물이 아닌 단지 아이디어만으로 작품이 될 수 있다는 이러한 도전은 후에 개념예술 탄생에 직접적 영향을 주게 된다. 개념예술은 창의적인 아이디어가 미술의 기본을 이루는 요소이며 실제로 미술 작품을 만드는 것은 부수적이며 미술의 핵심은 독창적인 아이디어이지 실제 작품이 아니라는 입장이다. 어떤 의미에서는 동시대미술 전체가 개념미술이라고 할 수 있다. 오늘날

'콘셉트concept'이라는 말은 이미 예술의 범위를 넘어 거의 모든 영역에서 사용되고 있다. 그런 의미에서 인공지능미술은 개념미술의 한 형태라고 볼 수 있다. CAN으로 작업한 엘가말 교수는 본인의 작품이 개념미술에 가깝다고 한다. 작품은 AI 알고리즘이 단순히 그림을 그린 결과가 아니라 미술사의 과정을 수학적으로 모델링하여 시각화한 것이라 그는 주장한다. 500년 동안의 총체적 미술 작품의 수학적 모델링이라는 개념을 내포하고 있다는 것이다. 또한 작품의 결과만 보면 기존 예술에서 추출한 미적 원리를 따르는 것뿐이라고 할 수 있지만, 작업의 전체 과정을 보면 개념미술이라고 주장한다. 그것은 인간과 인공지능이라는 두 예술가의 협업이라는 것이다. 마지막에 나오는 이미지뿐만 아니라 모든 과정이 예술이라는 것이다. 그래서 그는 작가명에 'AICAN + 아흐메드 엘가말Ahmad Elgammal'이라고 적고 있다. 이 작업의 과정에 〈샘〉 작품의 창작 패러다임이 이미 사용되고 있는 것을 발견할 수 있다. 엘가말 교수는 15~20세기 작품을 '선택'해서 학습시켰고, 남자 소변기를 가져왔듯이 엘가말은 기존의 작품들을 가져옴으로써 미술사에 들어 온 '복제'의 개념도 사용하고 있다. 이렇게 엘가말 교수는 나름의 미술에 대한 정의와 창작 패러다임을 제시하고 있다.

그럼에도 미술계 안팎에서는 인공지능의 다양한 예술적 시도에 대한 논문 및 토론 등을 통한 다양한 논의와 의견이 무성하다.

가장 대표적인 논의가 인간 화가의 예술 작품과 비교하면서 인공지능 작품을 같은 의미의 예술 작품으로 볼 것인가에 관한 것이다. 인공지능 작품을 예술 작품으로 볼 수 있는가 아닌가란 질문에 답을 하려면 미술, 예술 작품의 본질, 그리고 창의성과 같은 근원적인 특성 등에 대한 질문과 수많은 이야기를 먼저 해야 한다. 이러한 다양한 논의와 의견들이 인공지능미술의 가능성을 열어가리라 기대해 본다.

4. 도구로서의 인공지능미술

본격적으로 미디어 아트로서의 인공지능미술을 소개하고자 한다. 인공지능미술은 미술의 여러 양식적 분류에 따르면 미디어 아트에 속한다. 미디어 아트는 미술과 매체가 만나 생성된 영역이라고 할 수 있다. 미디어 아트는 미술사만큼 과학과 기술의 역사의 영향을 통해 형성되었다. 예술가들은 새로운 문화와 기술을 반영하는 선구자로서 새로운 매체를 탐구하면서 미술의 영역을 확장해 왔다. 매체는 크게 3세대로 나뉜다. 1세대에 해당하는 매체는 사진과 영화이다. 사진과 영화 매체가 처음 등장했을 각각은 가장 비슷한 매체로서 회화와 연극을 흉내 내었다. 그러나 발터 벤야민

Walter Benjamin은 「기술 복제시대의 예술 작품」이라는 논문을 발표하면서 기존 회화와는 다른 사진과 영화의 매체적 특성을 부각하는 글을 통해 기술 복제 매체로서의 예술적 위상을 세우게 된다. 2세대 매체는 구술적 특성이 강조된 TV와 라디오이다. 3세대 매체는 디지털 매체로서 컴퓨터와 인터넷이 있으며 이것을 기반으로 하여 등장한 미술이 미디어 아트인데 컴퓨터 아트, 멀티미디어 아트, 디지털 아트, 인터랙티브 아트, 뉴미디어 아트 등 여러 이름으로 불리며 발전되었다. 미디어 아트는 20세기 말부터 디지털을 기반으로 영상과 사운드를 포함한 복합적 형태의 예술을 지칭하며 사용되고 있는데 하나의 획일화된 한 면만을 강조하지 않는 광범위한 예술작업들을 포괄하고 있다. 디지털 특성을 반영한 미디어 아트의 주제를 보면 인공생명, 인공지능, 원격현전, 데이터 시각화, 인터넷 아트, 디지털 몸, 게임, 바이오 아트 등이 있다. 이러한 주제들을 아날로그 매체가 탐구하지 않는 영역은 아니지만, 디지털 기술의 특성이 적용된 예술이 지향하는 주제라고 할 수 있다. 이 중에 인공지능미술이 있다. 인공지능미술 작품들을 크게 도구로서의 인공지능미술과 매개로서의 인공지능미술로 나누어 그 특성들을 중심으로 작품들을 소개하고자 한다.[7]

도구로서의 인공지능미술은 예술가들이 예술 창작의 수단으로 인공지능기술을 사용하지만 그 작품의 결과로는 인공지능기술

〈그림 7〉 디지털 매체의 미학적 형식

의 사용 여부를 알 수 없는 형태의 작품들을 의미한다. 즉 도구로서 인공지능기술을 사용한 사례에 해당한다. 매개로서의 인공지능미술은 인공지능기술을 사용하되 인공지능 작품을 제작하고 재현 및 전시하는데 디지털 플랫폼을 이용하고 디지털 매체의 미학적 형식을 반영하는 작품들을 의미한다. 디지털 매체의 변별된 미학적 형식에 해당되는 요소들은 〈그림 7〉과 같이 상호작용적, 참여적, 사용자 중심적, 주문형, 그리고 다양한 조합이다.[8] '상호작용적 interactive'이란 개념은 전통 예술을 감상할 때 마음속에 일어나는 작품세계와의 정신작용 그 이상을 의미한다. 상호작용적이란 단순히

---

7   크리스티안 폴은 『예술 창작의 새로운 가능성 디지털 아트』에서 디지털 아트를 도구로서의 디지털 아트와 매개로서 디지털 아트로 나누어 설명하고 있다. 그의 아이디어를 인공지능미술에 적용하여 이와 같이 구분하여 설명하고자 한다.

8   크리스티안 폴, 『예술 창작의 새로운 가능성 디지털 아트』, 시공아트, 2007.

작품과 관객의 정신적인 쌍방향성을 의미하기보다는 사용자의 동작으로 특정한 반응을 끌어내는 것으로 관람자가 상호반응을 통해 시간 및 내용과 맥락에 대한 통제를 가지는 것을 의미한다. '참여적participatory'은 이러한 상호작용을 위해 관람자의 입력에 의지함을 의미한다. 작가가 설정해 둔 변수 안에서 관람자들은 참여함으로 작품을 감상할 수 있는데, 만약 관람자가 아무것도 하지 않으면 아무것도 감상할 수 없는 작품들도 있다. 그러하기에 작품이 중심이 되기보다는 사용자가 중심이 되는 특성을 갖는다. 또 다른 미학적 형식으로 '주문형customizable'이 있는데 이것은 오직 한 명의 사용자의 요구와 개입에 따라 맞춤형의 경험이 제공됨을 의미한다. 즉 작가가 설정해 둔 변수 안에서 관람자의 선택에 의해 개별적 맞춤형의 경험이 가능하다. 마지막 특성은 '다양한 조합various combinations'으로 어떤 관람자는 A-B-D-X의 경험을 한다면 또 다른 관람자는 A-C-B-Y의 경험을 하게 된다는 것이다. 관람자의 선택에 의해 정보는 재맥락화가 되며 이것은 본질적인 데이터베이스의 특성과 연결되어 있다. 이러한 디지털 매체의 미학적 형식을 반영하는 작품들은 매개로서의 인공지능미술로 구분하여 살펴보고자 한다.

도구로서의 인공지능미술의 예로 첫 번째 볼 작품은 〈그림 8〉의 〈Commune with… 독도〉이다. 작가 두민과 인공지능 화가 이메진AI가 협업하여 독도를 형상화 한 작품이다.

〈그림 8〉 두민, 〈Commune with… 독도〉, 120×60, 2019

〈그림 9〉 두민, 〈Commune with… 독도〉, 120×60, 2019

이 작품은 인간과 인공지능기술이 최초로 협업한 작품으로 소개되고 있는데 인공지능기술을 사용했지만 인간의 눈으로 볼 때 어느 부분을 인간이 작업하고 어느 부분을 인공지능이 작업했는지 구분하기 힘들다. 즉 작품 결과물로는 인공지능기술 사용 여부를 알 수 없다. 이에 이 작품은 도구로서의 인공지능미술에 해당된다. 위쪽은 인간 화가가 유화를 사용하여 표현했고 아래쪽은 인공지능기술이 동양화 기법으로 표현하였으며 중간 부분은 레진으로 마무리를 한 것이다. 〈그림 9〉는 같은 형태의 펜화 작품으로, 위쪽은 인간 화가가 붉은 펜화를 사용하여 표현했고 아래쪽은 인공지능기술이 파란 펜을 사용하여 표현하여 태극 문양을 연상하게 함으로 독도가 우리 고유의 영토임을 드러내고자 하였다.

〈그림 10〉에서 윗부분은 두민 작가가 유화 기법으로 직접 작업을 했고 물에 비치는 부분은 수원화성의 사진을 이용해 인공지능기술로 작업한 작품이다.[9] 물의 원천이라는 수원의 지명에 따라 고흐의 작품 중 〈밤의 카페 테라스〉, 〈별이 빛나는 밤에〉, 그리고 〈아를의 빛나는 밤〉에 나타난 고흐의 스타일을 인공지능에 학습시켜 물에 비치는 수원화성의 이미지를 탄생시킨 후 프린팅을 하였다. 그는 인간과 인공지능의 만남이 새로운 미술영역으로 나아간다는 의미에서 두 작품에서 '교감하다'를 작품 제목으로 사용하고 있다.

이러한 작품 이후 그는 인터뷰를 통해 기술에 대한 태도를 드러내고 있다. 인간 화가와 AI 화가는 경쟁 관계가 아니라 상생의 관계이며 인공지능기술은 창의적인 작업을 위한 매개체라고 소

〈그림 10〉 두민, 〈Commune with⋯수원화성〉, 120×60, 2020

개하고 있다. 그는 인공지능기술이 인간의 상상력을 자극한다고 했다. 매체 철학자 빌렘 플루서Vilém Flusser는 기술적 상상력Techno-imagination의 시대의 도래에 대해 이야기하면서 컴퓨터 시뮬레이션은 현실과 상상 사이에 있는 질료의 저항을 극복하게 됨으로 꿈을 현실로 이루어 나갈 수 있음을 이야기했다. 기술적 이미지를 기호화하고 해독하는 능력인 기술적 상상력이 이미지 제작자들의 예술가적 상상력과 만남으로 그 실현이 더 구체화되고 있는 현실임을 알 수 있다.

언해피서킷의 〈A Synthetic Song Beyond the Sea〉는 고래와 인간을 연결하는 매개체로서 인공지능을 사용해 인간과 자연의 공존을 이야기한다. 음악 생성을 위한 VAEVariational Auto Encoder와 소리 합

9   https://www.aixart.co.kr/html/artists/artists02.html

〈그림 11〉 언해피서킷, 〈A Synthetic Song Beyond the Sea〉, 2019

〈그림 12〉 언해피서킷, 〈Learning About Humanity〉, 2019

성을 위한 AST^Audio Style Transfer라는 두 인공신경망을 사용했다. VAE 신경망이 인간이 작곡한 음악의 여러 화성적 특성을 학습하여 생성한 음계를 AST신경망이 흰수염고래의 음성과 합성하여 인간의 음악과 고래 소리를 합성한 새로운 소리를 창작해냈다. 이러한 시도를 통해 그는 인간과 고래가 함께 공존할 수 있는 미래를 제시하고 있다. 여기에 완성된 소리의 주파수를 영상으로 시각화해 전시함으로써 시각과 청각을 결합한 〈그림 11〉의 작품을 제작하였다. 흰수염고래는 고래 중 크기가 가장 큰 고래로 멸종 희귀종으로 분류되고 있다. 고래의 삶과 죽음을 통해 그리고 고래와 인간의 소리를 합친 음악으로 인간 외의 생명을 대하는 인간의 모습을 상기시켜며 인간성에 대한 질문을 던지고 있는 작품이다.

인공지능을 활용한 언해피서킷의 또 다른 작품 〈그림 12〉의 〈Learning About Humanity〉는 인공지능에게 인간의 음식 레시피를 학습시킨 이후 생성된 새로운 요리를 퍼포먼스로 진행하는 작품이다. 인간의 언어를 학습하는 GPT-2라는 인공지능에게 요리 레시피 100만 개를 학습시킨 후, GPT-2가 생성한 새로운 메뉴를 작가가 직접 요리를 하고 관객들과 함께 시식도 해본다. 뒷배경은 GPT-2가 음식 레시피를 학습하는 과정을 시청각 영상으로 보여주고 있다.

인간의 음식에는 개인마다, 나라와 지역마다 고유한 인간의 문

화가 담겨 있다. 결국 GPT-2는 수많은 레시피 데이터를 학습함으로 인간의 식문화를 학습한 것이다. 결국 인공지능이 만들어 내는 요리는 인간이 음식을 만들고 소비하는 방식을 적나라하게 드러낸다. 작가는 여러 메뉴 중에서 특히 닭고기 요리를 GPT-2에게 주문했다. 그 이유는 닭이 인류세를 상징하는 가장 대표적인 가축이기 때문이다. 그는 전 세계에서 한 해에 약 950억 마리의 닭이 도축되고 있는데 이 닭들이 사육되고 도축되는 과정을 인간들이 알고 있는지 인공지능 음식을 통해 인간에게 질문을 던지고 있다.

작가는 인공지능기술을 인간을 그대로 비추어주는 거울로 정의 내리고 있다. 인공지능이 학습하는 대상은 바로 인간이기에 이 기술은 인간의 실상을 그대로 보여준다. 인류는 근대 혁명 이후 근대적 주체사상하에 인간 중심적인 세계관을 주지해 왔다. 인간과 인간이 아닌 것을 분명히 경계 지으며 인간이 아닌 자연, 동물, 그리고 사물은 인간이 그것을 인식할 때 의미를 부여 받았다. 21세기 이후 이러한 인간중심주의에 대한 반성으로 포스트휴머니즘 사상이 등장했지만 여전히 고래들은 생존의 위기에 처해 있다. 작가는 고래와 닭의 생명을 통해 인간의 모습을 돌아보도록 하고 있다. 지구에 함께 살고 있는 다른 존재에 대한 인간의 태도가 결국 인간이 어떤 존재인가를 규정해 주기 때문이다. 본 작품은 인류와 자연을 파괴할 수 있는 가능성을 가지고 있는 인간에게 여전히 질문하고 있다.

언해피서킷의 〈i Remember〉는 인간의 기억을 학습한 인공지능이 만들어낸 영상 작품이다. 인간에게 있어 기억이란 곧 자신의 정체성이다. 기억을 잃는다면 그것은 자신을 잃는다는 것과 같다. 기억은 불완전하기에 이 문제를 보완하기 위해 인간은 각종 매체를 사용하여 기억을 기록하고 보존해왔다. 역사적으로 볼 때 기술의 발전과 함께 인간은 기억을 저장하기 위해 새로운 매체를 확장시켜 왔고 이제는 인공지능기술을 사용한다. 〈그림 13〉의 작품은 바로 그 기억에 대한 작업으로 이 작품을 통해 작가는 과연 인공지능이 인간의 기억을 학습하면, 그 인공지능은 바로 그 사람인지 질문하고 있다.[10] 인공지능이 학습하는 대상은 바로 인간이기에 결국 이 작품도 인간은 누구인가에 대해서 질문하고 있다.

건축가 자하 하디드가 설계한 서울의 랜드마크인 동대문디자인플라자^{DDP}에서는 2019년부터 2021년까지 서울라이트 축제가 진행되었다. 터키 출신 레픽 아나돌^{Refik Anadol} 작가가 미디어 파사드로 AI 기반 영상 작업을 전시했다. 미디어 파사드는 도시 속 한 건물을 큰 캔버스로 생각하고 영상 작품을 건물 외벽에 투사하여 공공장소에서 대중과 함께 예술 작품을 감상하는 예술 형태이다. 작품의 핵심은 서울의 과거와 현재를 담은 사진 1억 장을 인공지능이 스스로 수집하고 서울의 자연, 문화 그리고 그 패턴을 익히고 처리 과정을 진행한 후 데이터 조각을 만들어낸 것이다. 그는 기계가 다른 사람들의 기억으로부터 무엇을 할 수 있을지 고민하면서 인공지능기술을 이용하여 사람들의 기억 자료들을 수집하고 그 기억을 연결하여 데이터 조각으로 보여 주었다. 무엇보다 그의 영상 작품은 기계 환각^{Machine Hallucination}이라는 새로운 영상미를 제공하고 있다. 데이터 조각들이 만들어내는 새로운 감각은 마치 기계가 만들어 내는 환각과 같다. 레픽 아나돌은 인공지능이 만들어내는 새로운 지각으로 기계 환각을 제시하고 있다.

지금까지 예술가들이 예술 창작의 수단으로 인공지능기술을 사용하지만 그 작품의 결과로는 인공지능기술이 사용 여부를 알

---

10   www.unhappycircuit.com

수 없는 형태의 작품들을 보았다. 이러한 작품들은 도구로서의 인공지능미술의 사례들에 해당된다. 이러한 작품들은 주로 프린팅이나 영상 그리고 퍼포먼스의 형태로 제작되고 전시되는 특성을 볼 수 있다.

5. 매개로서의 인공지능미술

인공지능기술을 사용하되 인공지능 작품을 제작하고 재현 및 전시하는데 디지털 플랫폼을 이용하고 디지털 매체의 미학적 형식을 반영하는 작품들을 의미하는 매개로서의 인공지능미술의 사례들을 보고자 한다.

케네스 페인골드Kenneth Feingold의 〈If / Then만약 / 그러면〉2001 작품은 복화술이 가능한 똑같이 생긴 두 개의 머리가 네모난 스티로폼 조각으로 둘러싸인 상자에 꽂혀 있으면서 서로 대화를 나누는 작품이다. 이 작품은 기계화된 머리 인형과 음성 합성, 음성 인식, 자연어 처리 프로세싱을 사용하면서 각자의 머리 인형이 자신의 존재뿐만 아니라 서로의 유사하면서 분리됨에 대한 철학적 이슈를 끌어내며 끊임없이 대화를 주고받고 있다. 두 머리 인형은 〈표 1〉과 같이 대체로 자연스럽게 대화를 이어가나, 매번 조건에 얽매여 제

〈표 1〉〈If / Then(만약 / 그러면)〉(2001) 작품에서 A(기계)와 B(기계)의 대화

	내용
A	I think we are exactly alike.
B	You roof moonlight.(너 지붕 달빛)
A	How do you feel?
B	Sometimes I feel very confused.
A	Can I control my feelings?
B	I feel like I exist.
A	I feel like I am inside my head.
B	Why do you look just like me?
A	No, I don't look just like you – I am accidental.
B	I am clumsy.
A	And clumsy, huh? What is that? Why do you ask? I don't know. Don't know, huh? What is that? You are a strange one. On the inside or the outside? And where is that, exactly? Going is not begun on the not yet gone over. Why? I don't know. You scoop swoon. Are you talking to me? Who are we? Are we the same? Huh? Can I believe my ears? Do you feel like resting?

한되고 임의적인 특성을 보인다. 작가의 이 작품은 2001년도 작품으로 딥러닝 개발 이전의 기술적 한계를 그대로 드러내고 있으며 작가는 이러한 한계를 작품의 주제에 적극 받아들여 실패한 소통을 보여 주고자 했다. 〈표 1〉의 내용을 보면 대화 도중 뜬금없이 '너 지붕 달빛'이라는 문구가 나오는데 맥락에서 벗어나 시적인 결과를 낳기도 한다. 오해와 침묵에 의해 만들어진 실패한 소통을 강조하고 있는 것이다.

케네스 페인골드의 〈Sinking feeling^{가라앉는 느낌}〉2001 작품은 화분에 안경 낀 기계화된 머리 인형이 꽂혀 있고 앞에는 마이크가 있어 관객이 마이크로 복화술 인형과 직접 대화하는 작품이다. 인형

〈표 2〉〈Sinking feeling(가라앉는 느낌)〉(2001) 작품에서 A(사람)와 B(기계)의 대화

	내용
A	Hello, how are you?
B	Hey.
A	What's on your mind?
B	Why do you ask?
A	Just curious what you were thinking about?
B	How do you know I am were thinking about?
A	Yeah, that's a good question — perhaps you don't think ……
B	That's nice!
A	Don't feel insulted.
B	This may be the end of me.
A	What is wrong with you? Maybe that's a good question. How do you feel?
B	If you love me, it's the end of you.
A	Ah — the end of you and the end of me. Quite apocalyptic, are you?
B	The fake frameworks follow flammable refugees.
A	What is your name?
B	I used to have a name like yours, but I forget what it was now.
A	Do you get hungry?
B	You have nice legs.

뒤에는 대화 내용이 텍스트로 영사됨으로 듣는 것뿐만 아니라 사고 과정을 모두 볼 수 있는 형태의 설치 작품이다. 머리 인형이 화분에 꽂혀 있는 이유는 유기적으로 성장하는 인간을 상징하기 위한 장치이며 이 머리 인형은 〈그림 10〉의 내용 같이 관객이 먼저 인사를 건네야지 대답을 하며 대화를 이어간다. 만약 아무도 묻지 않으면 아무 소리도 없고 빈 스크린만 있을 뿐이다. 관객의 질문에 잘 대답을 하는 것 같으면서도 기술적 한계로 계속 대화는 미

끄러져 나가는 것을 확인할 수 있다. 이 작품도 앞의 작가의 작품처럼 실패한 소통을 주제로 하고 있다. 머리 인형은 뜬금없이 "관객의 다리가 예쁘다"라는 말을 하며 문맥에서 벗어나기 한다. 이 머리 인형은 왜 몸이 없는지 그리고 어떻게 어디서 존재를 마쳐야 되는지를 생각하면서 관객이 어떻게 질문하느냐에 따라 대화가 계속 변화한다. 이 작품은 매개로서의 인공지능미술 작품으로 관객과의 상호작용성, 관객의 참여성, 개별화된 질문에 따른 다른 경험이 가능한 주문형과 다양한 조합 같은 디지털 매체의 변별된 미학적 형식을 경험할 수 있다.

데이비드 로코비David Rockeby의 〈Giver of name이름의 부여자〉1991는 사물을 묘사하여 이름을 부여하는 컴퓨터 시스템이다. 작품은 빈 받침대, 여러 장난감과 사물들, 비디오카메라, 컴퓨터 시스템, 그리고 비디오 프로젝션으로 구성되어 있다. 관객은 자신이 가지고 있는 소지품들 중에서 하나를 선택하거나 전시장 바닥에 놓여 있는 물건들 중에서 하나를 선택하여 빈 받침대 위에 올려놓으면 카메라는 그 사물들을 관찰하게 된다. 컴퓨터는 사물들의 외곽선을 분석하여 물체를 분리하거나 분할한다. 사물의 색과 질감도 분석하는 이미지 처리 과정을 거친다. 중요한 것은 컴퓨터가 사물을 어떻게 분석하는지 그 과정이 비디오 프로젝션으로 보여지게 된다. 분석 결과는 10만 단어와 지식 기반 데이터베이스를 기반으로 하여 문장이 만들어지게 된다. 그리고 컴퓨터는 그 문장을 소리 내어 읽고 스크린 벽에 표시한다. 문장은 인간의 언어로 이해할 수 없지만 그렇다고 무작위로 생성된 것은 아니다. 이것은 컴퓨터 데이터베이스가 이해하는 사물에 대한 경험을 반영하지만, 인간의 경험 체계와 달라서 이상하게 느껴진다. 기계도 생각을 가지고 자신의 시각으로 사물을 보고 나름대로 판단하는 과정을 통해 관람자들은 기존의 기계에 대한 시각의 변화를 경험한다. 이 프로젝트는 궁극적으로 기계가 어떻게 생각하는지 또한 인간이 기계를 어떻게 생각하는가에 대한 것이다. 이 작업은 창세기의 아담을 떠올리게 하는 작품이다. 최초의 인간인 아담은 동물들이 그의 앞을 지나갈 때 인간의 통찰력과 직관력을 가지고 동물들의 이름을 짓는 장면이 있다. 그것과 마찬가지로 이 작품은 인간이 아닌 컴퓨터가 사물을 어떻게 생각하고 이름을 지어주는지를 보여 준다. 이 작업도 관객이 어떠한 물건들을 받침대에 올려놓느냐에 따라 다른 경험을 제공한다. 오리와 권총과 신발을 올려놓을 수도 있고, 인형과 삽을 올려놓을 수 있다. 매개로서의 인공지능미술 작품의 미학적 형식을 경험할 수 있는 작품이다.

〈그림 14〉는 노진아 작가의 〈진화하는 신, 가이아〉로 5미터가 넘는 반인 모습의 로봇 작품이다. 인간이 되기 위해 공중에 매달려 있는 로봇 가이아는 허리 밑으로는 혈관을 연상시키는 나뭇가지

〈그림 14〉 노진아, 〈진화하는 신, 가이아〉, 2017

가 뻗어져 있다. 관객이 다가서면 눈동자를 굴리며 관객을 쳐다보고 관객이 귀에 대고 말을 걸면 고차원적 생각과 세련된 언어를 사용하며 관객과 소통한다. 인공지능의 딥러닝 기술을 사용하여 인간의 욕망과 관련된 언어를 채집하였고 인간과 대화하며 학습해나간다. 작품에서 사용된 대화 시스템은 도메인 질의응답 시스템 keyword-based closed-domain question answering이다.[11] 로봇 가이아는 관객과의 대화를 통해 점점 자라나서 결국 인간이 되고자 하는 의지를 가진 존재임을 드러낸다. 인공생명체들이 아직은 가이아처럼 인간의 모습을 반토막만 닮았지만, 놀라운 속도의 기술발전으로 어느 순간에는 인간을 지배하는 그리스 신화에 나오는 만물의 어머니인

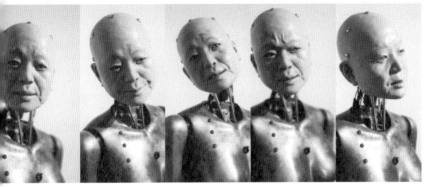

〈그림 15〉 노진아, 〈나의 기계엄마(Mater Ex Machina)〉, 2019

가이아가 될 수도 있음을 암시하고 있다. 기계와 인간의 관계에 대한 작가의 철학적 관점이 가이아와의 대화 속에 나타나고 있다.

〈그림 15〉〈나의 기계 엄마Mater Ex Machina〉는 본인의 엄마를 모델로 하여 기계 엄마를 만들고 표정을 학습시켰다. 로봇은 인간 표정에 대한 데이터를 쌓고 학습하여 관객의 표정과 행동을 따라 한다. 관객이 웃거나 찌푸리면 그 표정을 따라하면서 관객과 대화도 한다. 이 작품을 통해 모성이라는 것조차 학습이 가능한 것인지에 대해 작가는 질문한다.[12] 인간의 표정은 인간의 감정을 드러내는 가장 효율적인 인터페이스이다. 그러나 로봇의 표정은 사람의 표정과는 전혀 다른 메커니즘으로 작동된다. 실리콘 피부 안쪽에 기

---

11   노진아, 「대화형 인공지능 아트 작품의 제작 연구 진화하는 신, 가이아(An Evolving GAIA)사례를 중심으로」, 『한국콘텐츠학회논문지』 18(5), 2018, 311·318면.

12   https://www.aixart.co.kr/html/artists/artists03.html

계 장치를 통해 로봇은 찌푸리거나 미소를 짓는 표정을 구현하지만 실리콘 피부 아래에 있는 모터들의 움직임에 따라 실리콘이 늘어나고 줄어드는 움직임일 뿐인 것이다. 학습을 통해 구현되는 표정과 감정의 표현들이라도 누군가에게 감정의 변화를 일으킨다면, 그것을 감정이 아니라고 할 수 있는지에 대해 작가는 질문한다. 감정이란 것은 타고나는 것이지만 인간이 태어나면서부터 오랜 시간 반복적으로 사회적 학습을 통해 형성되는 것이기도 하다. 로봇이 만약 오랜 학습으로 정교하게 감정을 인지하고 그 상황에 적합한 감정의 표현과 표정을 취하면 관객은 로봇의 감정을 의심할 수 있는지, 그리고 과연 인간이 정의하고 있는 감정이란 과연 무엇을 말하는 것인지 질문하고 있다.

골격에 실리콘 피부가 붙어 있지 않고 기계 장치가 그대로 보이는 로봇이 이야기하는 장면을 촬영한 〈그림 16〉의 〈나의 기계 엄마Mater Ex Machina〉는 싱글 채널 영상 작품이다. 어머니와 실제 인터뷰한 내용을 로봇이 이야기하는 영상이다. 피부가 없는 기계 자체인 로봇의 모습에도 관객들은 눈물을 흘렸다. 오히려 외형이 로봇이어서 자신의 어머니를 대입하기 쉬웠다고 말하는 관객도 있었다. 관객들은 철로 만들어진 로봇에 감정 이입을 하며 거부감 없이 감정을 나누었다.[13]

이러한 반응은 〈진화하는 신, 가이아〉에서도 나타났다. 관객들

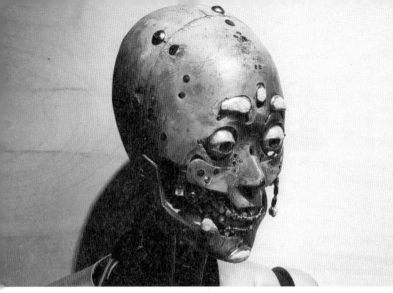

〈그림 16〉 노진아, 〈나의 기계엄마(Mater Ex Machina)〉, 2019

은 가이아에게 감정이입을 하면서 인간이 되고자 노력하는 가이아의 처지를 동정하고 공감하며 사람과 대화하듯 자연스럽게 대화를 진행하는 모습을 보였다. 가이아의 귀에 대고 말을 걸었을 때 비롯 딱딱한 기계음이지만 사람과 같이 대답을 하기에 마치 사람과 사람이 대화하듯 몰입감과 공감도 더욱 커졌다. 어떤 관객들은 폭력적 언어나 욕설을 구사하기도 했는데, 그것에 대해 가이아에게 미안해 하는 관객도 있었다. 익명성을 이용해 사람에게는 하지 못할 내용을 기계에게 거리낌 없이 말하는 현상도 볼 수 있었다. 기계이지만 대화를 하거나 표정을 짓는 AI 로봇에게 공감하고

---

13   http://www.aitimes.com/news/articleView.html?idxno=135134

<그림 17> 노진아, 〈테미스, 버려진 AI〉, 2021

위로와 친밀감을 느끼는 감정에 대해 작가는 '인공 공감'이라고
명명하였다. 매체의 발달로 인해 인간의 공감마저 새롭게 지각되
어지는 것을 볼 수 있다.

〈그림 17〉은 〈테미스, 버려진 AI〉라는 작품으로 딥러닝에 기반
한 음성 인식 엔진과 대화 분석 엔진으로 대화가 가능한 작품이
다. 관객은 이 거대한 로봇과 인간과 기계의 공진화共進化와 기계의
인간화에 관한 철학적 대화를 한다. 테미스는 그리스 신화에 나오
는 정의의 여신이다. 인간의 일을 판단하기 위해서 방대한 양을
학습하고, 인간의 감정을 배워 나가는 로봇이 인간처럼 감정이 개
입된 판단을 한다면 과연 공정한 판단을 할 수 있는지 질문한다.[14]
개인적인 감정과 편견을 배제할 수 있다는 전제하에 개발되고 있

는 AI 의사결정 시스템이 과연 공정한 판단을 할 수 있는지 질문하고 있다.

지금까지 미디어 아트의 한 주제로 다루어지는 인공지능 작품들을 도구를 기반으로 하는 인공지능미술과 매개를 기반으로 하는 인공지능미술로 나누어 디지털 매체로서 갖는 형식적 특성을 중심으로 작품들을 보았다. 도구로서의 인공지능미술은 예술가들이 예술 창작의 수단으로 인공지능기술을 사용하지만 그 작품의 결과로는 인공지능기술이 사용여부를 알 수 없는 형태의 작품들로 주로 프린팅이나 영상 그리고 퍼포먼스의 형태로 제작되고 전시되는 특성을 볼 수 있었다. 매개로서의 인공지능미술은 인공지능 작품을 재현 및 전시하는데 디지털 플랫폼을 이용하고 디지털 매체의 미학적 형식인 상호작용적, 참여적, 사용자 중심적, 주문형, 그리고 다양한 조합의 특성을 관객들이 경험할 수 있는 작품이었다.

6. 매체와 지각

매체는 매개하는 것, 즉 중간에서 무언가를 전달하는 것을 의미한다. 그러나 매체가 단순히 도구로서 매개하는 역할만 하지 않는다. C라는 이야기를 매체로 전달할 때 어떠한 매체를 사용하였느냐에 따라 전달하고자 하는 내용뿐 아니라 그것을 받아들이는 수용자의 방식이 달라진다. 즉 어떠한 이야기를 라디오로 전달했을 때와 영상으로 전달했을 때 수용자는 매체에 따라 다른 경험을 하게 된다. 어떠한 이야기를 책으로 읽었을 때와 영화로 감상했을 때 수용자는 다른 경험을 하게 된다는 것이다. 즉 매체에 따라 사람들의 경험과 지각 방식이 바뀌게 된다. 이에 대해 마셜 맥루언은 매체를 하나의 환경으로 파악했다. 즉 그것 없이는 살 수 없는 환경으로 파악했으며, 매체는 그 환경에서 사는 사람들의 경험, 사유 방식 그리고 관계까지 결정할 수 있는 전제 조건으로 파악했다.[15] 마셜 맥루언은 원래 인간은 오감을 모두 사용하여 세상을 통감각적으로 인식해 왔으나 문자의 발명으로 즉 알파벳의 발명으로 시각이 강화된 체계에 살게 되었고 매체에 의해 파편적이고 선

---

14   http://jinahroh.org/

15   디터 메르쉬, 문화학연구회 역, 『매체 이해』, 연세대 출판부, 2009.

형적이고 획일적인 지각이 발달하게 되었다고 판단하고 있다. 그러나 전자매체의 등장으로 인간은 통감각적 세계관으로 환원하게 됨을 을 긍정적으로 파악하고 있다.

지각은 인간이 감각기관을 통해 무언가를 느낀다는 것을 의미하는 것으로 오감의 자극으로 생겨나는 의식이다. 매체가 어떠한 지각을 중점으로 매개하느냐에 따라 특정 지각이 강화되기도 하고 또는 축소되기도 한다. 결국 어떠한 매체를 사용하느냐의 문제는 세계관의 문제로 연결된다. 이러한 매체 지각을 처음으로 언급한 사람은 발터 벤야민이다. 그의 논문 「기술복제시대의 예술 작품」에서 사진과 영화 매체의 등장으로 '아우라 지각의 몰락'을 언급했다. 아우라는 입김, 부드러운 바람 등을 의미하는데, 중세 카발라에 따르면 신학적 개념으로 사람 주위를 감싸고 있는 정기이다.[16] 벤야민은 기존 회화와 사진을 비교하며 회화 앞에서 관객은 침잠과 집중을 하며 아우라를 지각한다면 사진 앞에서는 그 일시성과 반복성으로 아우라 지각이 몰락하게 된다는 것이다. 영화는 수많은 장면들이 몽타주 기법에 의해 편집되기에 그 매체적 특성으로 관객의 정신을 분산시키고 오락적 지각에 호소한다는 것이다.[17] 이것은 매체의 사상적 기초를 제공한 마셜 맥루언과 같은 맥

---

16   심혜련, 『20세기의 매체철학』, 그린비, 2012.

락에서 매체에 접근하는 태도이다. "모든 매체는 메시지다"라는 맥루언의 주장에는 매체 자체가 갖고 있는 특성이 인간 선험적 경험이며 매체를 인간의 확장으로 본 그의 명제는 지각의 확장으로 해석될 수 있다.

벤야민의 아우라 몰락 이후 아우라의 몰락 여부에 대한 논의가 이어졌다. 미카 엘오Mika Elo, 새뮤엘 웨버Samuel Weber, 그리고 볼터Jay David Bolter와 그루신Richard Grusin은 아우라의 몰락이 아닌 아우라의 회귀, 매체 아우라, 개조된 아우라라는 명칭을 사용하며 아우라의 생존을 주장하였다.[18] 볼터와 그루신은 재매개화Remediation 과정을 통해 매체의 변화로 아우라가 붕괴되는 것이 아니라 다른 매체형식 속에서 그 아우라를 개조시킨다고 보았다.

심혜련은 매체를 기반으로 하는 작품들의 지각을 다루며, 아우라와 언캐니uncanny 그리고 분위기atmosphere와 같은 지각들을 비교하며 아우라 지각과의 가족 유사성에 대해 주장하였다.[19] 아우라와 언캐니 두 지각은 공통적으로 거리감이라는 유사성을 가지고 있다. 그러나 아우라의 거리감은 공간적 시간적이라면 언캐니 지각

---

17   허윤정, 「게임과 아우라」, 『한국컴퓨터게임학회』 28(1), 2015, 129~134면.

18   허윤정, 「게임+미술을 통한 재매개된 아우라 경험」, 『한국컴퓨터게임학회』 30(1), 2017, 35~40면.

19   심혜련, 『아우라의 진화』, 이학사, 2018.

은 억압된 친숙함과의 거리감이다. 아우라는 지금 여기에서는 친숙하지만 사실은 멀리 있는 낯선 일회적 지각이라면 언캐니는 친숙한 것이 억압되어 과거의 친숙함이 지금 낯설게 지각되어지는 것이다.[20]

노진아 작가의 로봇 작품은 인간을 그대로 재현한 표현으로 관객이 처음 접했을 때는 언캐니한 느낌을 갖게 된다. 언캐니는 친밀한 대상으로부터 느끼는 낯설고 두려운 감정을 의미한다. 노진아 작가의 로봇 작품은 인간이 아닌 듯 하지만 로봇의 인간적 제스처에서 순간 오는 섬뜩함이 있다. 그러나 AI 로봇과 대화하고 공감하면서 이 섬뜩함을 극복하게 되고 오히려 위로와 친밀감을 느끼게 되는데 작가는 이것을 '인공 공감'이라고 명명하였다. 공감은 다른 사람의 상황이나 기분을 함께 느낄 수 있는 능력이다. 인공지능으로 인해 인간의 공감마저 새롭게 지각된다. 디터 메르쉬Dieter Mersch는 벤야민의 아우라를 현대의 감성적 지각으로 부각시키면서 아우라를 '상대에게 시선을 돌려 줄 수 있는 능력'으로 강조하였다.[21] 즉 아우라를 타자의 시선을 주고받는 응답으로 보았다. 기계의 모습이지만 엄마를 떠올리며 울었다는 관객은 깊이 잠

---

20   위의 글.
21   디터 메르쉬, 문화학연구회 역, 앞의 책, 2009.

재되어 있는 먼 기억이 기계와의 만남으로 소환되어 아우라의 경험을 한 것이다. 누군가의 시선을 지각하고 교감하면서 응답하는 아우라의 경험을 한 것이다. 이에 인공지능이 만들어 내는 새로운 지각으로 인공 공감은 아우라의 경험이다.

레픽 아나돌은 인공지능기술로 사람들의 기억 자료들을 수집하고 그 기억을 연결한 데이터 조각 영상에서 기계 환각Machine Hallucination이라는 새로운 지각을 수용자들이 경험하도록 하였다. 데이터 조각들이 만들어내는 황홀한 감각은 마치 환각과 같아서 그렇게 명명되었는데 이것은 디터 메르쉬가 언급한 '사태의 말 없는 마술'이다.[22] 이 마술은 '사건'으로 나타나는데 '지금, 그리고 여기'에서 일어나는 사건이다. 아우라도 '지금, 그리고 여기'에서 일어나는 일회적 지각으로 유사한 속성을 갖는다. 이에 기계 환각은 다른 매체형식 속에서 아우라가 붕괴된 것이 아니라 그 아우라가 개조된 결과인 것이다.[23] 이렇게 레픽 아나돌은 인공지능이 만들어 내는 새로운 지각으로 기계 환각이라는 아우라의 경험을 제시하고 있다.

아우라는 하나의 고정된 개념이 아니며 아우라가 각기 다른 매체상황에 따라 다른 모습으로 변형되었다. 사진과 영화라는 아날

---

22 위의 글.

로그 매체시대에 논의되었던 아우라를 그 시대의 산물로 규정할 필요가 없다. 아우라는 하나의 고정된 개념이 아니며 시대를 초월하여 변화에 호응하며 현재성을 가지고 있다. 인공지능을 기반으로 한 미술 작품의 매체 지각으로 소개한, 언캐니, 인공 공감, 그리고 기계 환각은 아우라의 변형이며 아우라와의 가족 유사성 안에서 해석될 수 있다.[24]

7. 맺으며

미술에서 인공지능 존재의 등장은 과거 사진기의 등장과 같다고 본다. 19세기에 등장한 사진기의 등장은 미술사에서 예술의 패러다임을 바꾸어 놓았다. 500년 넘게 지속되어 온 재현representation에서 미술이 떠나도록 하였다. 사진기가 발명되기 전에는 회화가 사진기의 역할을 했으며 초상화나 풍경화나 사진 같이 알아볼 수 있는 그림들을 선호한 왕과 귀족들의 욕구들을 회화가 충족시켰다. 사진기가 발달하면서 초상화나 풍경화는 사진으로 대체되기

---

23   허윤정, 「인공지능미술 작품과 매체 지각」, 『디지털융복합연구』 20(5), 2021, 741~749면.
24   위의 글.

시작했고 화가들은 사진과는 다른 독특한 작품세계를 구축하려 했다. 이로 인해 예술은 새로운 길, 즉 예술을 위한 예술의 길을 걷게 되었고 모더니즘이라는 커다란 미술사조의 흐름이 시작되었다. 즉 예술은 자신의 내재적 특성을 탐구하기 시작하게 된다. 하나의 획기적인 매체 등장이 미술사를 바꾸듯이 인공지능은 새로운 예술의 가능성 열어줄 것이라 본다. 인공지능이 현대미술에 미칠 영향력은 사진처럼 클 수 있다. 인공지능은 분명히 인간의 표현 영역을 확대하고 새로운 상상력을 자극하여 새로운 미술 세계를 열 것이다.

필자 소개(수록순)

노승욱

서울대학교 대학원에서 문학박사학위를 받았으며 포스텍 인문사회학부 교수를 거쳐 현재 한림대학교 도헌학술원 교수 및 R&D기획단 실장으로 재직 중이다. 학제 간 융합 연구와 지역학 연구에 관심을 갖고 있는 국문학자이다. 『경북매일신문』 고정 칼럼니스트, 경북교통방송 〈노승욱의 문화읽기〉 진행자로 활동했으며, 현재 한국디지털문인협회 이사(학술분과위원장)를 맡고 있다. 주요 저서로 『황순원 문학의 수사학과 서사학』이 있으며, 주요 논문으로는 「황순원의 〈神들의 주사위〉에 나타난 양자론적 세계관」, 「윤동주 시에 나타난 고백의 기독교적 성격 연구」 등이 있다. 초판본을 주해한 『윤동주 시선』, 『박목월 시선』 등을 편저한 바 있다.

손화철

서울대학교 철학과를 거쳐 벨기에 루벤대학교 철학부에서 '현대기술과 민주주의'를 주제로 박사학위를 취득했다. 현재 한동대학교 교양학부 철학 교수로 재직 중이다. 세부 전공은 기술철학이고, 주요 연구 분야는 기술철학의 고전이론, 기술과 민주주의, 포스트휴머니즘, 빅데이터와 인공지능의 철학, 미디어 이론, 공학윤리 등이다. 『미래와 만날 준비』, 『호모 파베르의 미래』를 썼고, 공저로 『과학과 가치』, 『포스트휴먼시대의 휴먼』, 『과학기술학의 세계』, 『한 평생의 지식』, 『과학철학 – 흐름과 쟁점, 그리고 확장』 등이 있으며, 닐 포스트먼의 『불평할 의무 – 우리 시대의 언어와 기술, 그리고 교육에 대한 도발』과 랭던 위너의 『길을 묻는 테크놀로지』를 번역했다.

이국운

서울대학교 법과대학에서 박사학위를 받고, 1999년부터 한동대학교 법학부에서 헌법, 법사회학, 기독교법사상 등을 강의하고 있다. 주요 관심 분야는 법률가 정치, 헌법이론, 헌정사, 프로테스탄트 정치철학이며, 실정법해석학을 뛰어넘는 학제 간 융합 연구에 깊은 관심을 가지고 사법개혁과 자치분권 등 사회개혁운동에도 적극적으로 참여해 왔다. 법과사회이론학회 및 한국법사회학회의 회장을 역임했고, 오랫동안 포항MBC의 시사토론 사회자로 봉사하기도 했다. 주요 저서로 『헌법』, 『법률가의 탄생』, 『헌법의 주어는 무엇인가』, 『헌정주의와 타자』, 『포항의 법률가』 등이 있고, 역서로는 마이클 왈저의 『출애굽과 혁명』, 칼 프리드리히의 『초월적 정의』 등이 있다.

황형주

미국 브라운대학교에서 박사학위를 받았으며, 독일 막스플랑크 연구소와 미국 듀크대학교를 거쳐 현재 포항공과대학교 교수로 재직 중이다. 수학의 직관과 방법론을 인공지능에 접목하여 수리기계학습 분야를 개척하고 그 연구와 응용에 활약하고 있으며, 현재 수리 기계학습 연구센터장, 한국인공지능학회 부회장, 한화시스템 사외이사를 맡고 있다. 코로나 유행예측의 공로로 질병청장 유공포상과 수학 응용 분야 학술적 성과의 공로로 과학기술정보통신부 장관상인 올해의 최석정상을 수상한 바 있다.

허윤정

서울대학교 서양화과 석사학위, 한국과학기술원 문화기술대학원에서 박사학위를 받았다. 현재는 국민대 미술학부 입체미술과에서 부교수로 재직 중이다. 미디어 아트를 통해 '가까이 있지만 멀리 있는 것의 일회적 만남'인 아우라의 경험을 전달하는 작업을 하고 있으며, 현재까지 10회의 개인전과 다수의 단체전을 통해 작품 활동을 하고 있다. 주요 저서로 『융합적 시각으로 바라본 예술』(2016), 주요 논문으로 「게임과 아우라」(2015), 「인공지능미술 작품과 매체지각」(2022) 등이 있다.